U0120258

图文小百科

互联网

[法] 让-诺埃尔·拉法格　编
[比] 马蒂厄·布尔尼亚　　绘

顾晨　译

中国友谊出版公司

图
百
科
文

前　言

1859 年的太阳风暴

1859 年 8 月 29 日，巴黎时间凌晨 1 点 30 分左右，整个北半球突然出现了一系列不同寻常的现象。在法国、斯堪的纳维亚半岛、美国和古巴，所有的电报线路同时作响，紧接着停止了工作。所有电报公司的设备都在一瞬间出现了技术故障，完全无法运行。一些电路开始熔化，还有一些电路冒出了火球。指南针的指针开始疯狂旋转。在美洲大陆上，由于是白天，十几个正在操作电报机的报务员不幸触电或被烧伤。一个华盛顿的报务员就不幸被猛烈的电流击中，顷刻间失去了意识，额头上不断出现电弧。在一些当时最为先进的电报公司的办公室里，使用化学制品在纸上做记录的员工惊恐地看到这些纸忽然起火，把办公室点燃了。就这样，已经全速发展了 15 年的全球电报网络眨眼之间化为乌有。

此后的几个小时，事态的发展仍然十分奇怪。太阳落山了，天空却依然明亮，看上去就像早晨。公鸡和小鸟从凌晨 1 点就开始鸣叫。没过一会儿，美国南卡罗来纳州的工人们醒了过来，来到工地准备开工，却发现时间还是深夜。从美国的波士顿到海地的太子港，世界各处的人们都在午夜走上街头，观察被一种奇异的橙色曙光点亮的天空。在这个没有月亮的诡异的夜晚，天空如此之亮，人们甚至可以借着这种亮光看报纸。这个现象一直持续到太阳升起。然后，同样的异象又在当年的 9 月 2 日、12 日和 13 日再次出现。

世界末日 2.0

虽然这件事的某些方面让人联想到《丁丁历险记：神秘的流星》前几页所描述的奇异现象，但这可不是丁丁的冒险故事，也不是什么受到凡尔纳科幻小说启发而幻想出来的情景。这是一个真实发生过的事件，被称作“卡林顿事件”。这个名字源自英国天文学爱好者理查德·C. 卡林顿（Richard C. Carrington），他曾在1859年9月1日对太阳的活动进行了观测，是第一个发现太阳风暴现象的人。根据他的观测记录，人们得出结论：1859年夏天的太阳风暴是至今为止人类有记录以来最强烈的一次。

可以确定的是，与之类似或者规模更大的太阳风暴肯定会再次发生。根据最近的观测，当代科学界已经达成一致：与1859年规模相当的新的“卡林顿事件”很可能快要到来了，而且这类事件发生的频率大约为每1000年2次。显而易见，全球的电力网络将无法应对，插座、开关和高压电线会像150多年前那样在风暴来临之际轻易被烧坏，地球将会陷入长达数周、数月甚至数年的黑暗中。除了电力短路之外，卫星和互联网将无法承受再一次的太阳风暴带来的超强磁暴灾害。臭氧层也将再一次如19世纪那次一样受到破坏。

要知道，在1859年太阳风暴发生的年代，电力还是一种新兴能源。如果类似的事件再次发生，我们无法想象将给当下的人类社会带来怎样的后果。全球定位系统（GPS），陆运、海运和航空导航系统，证券市场、金融网络和银行，所有的电脑和智能联网设备以及其中的数据，将在一瞬间全部无法运行甚至被摧毁。2008年，美国国家科学院发布的一份报告指出，如果类似的太阳活动再次发生，由此导致的经济损失可能是2005年卡特里娜飓风所造成的经济损失的20倍，即2万亿～3万亿美元。其他更加悲观的科学家则认为，人类社会的一切都被记录在个人电脑和服务器中的今天，我们也许无法在类似的灾难中幸存……

现实版本 1.1

当然，这一切都只是预测，也可能一切都不会发生。但进行这种假设的好处是让我们意识到互联网时代的现实：互联网是一个与现实世界紧密相关的网络。比如，自 2016 年 7 月起，由于电子游戏《宝可梦 GO》的流行，每天都有在现实中找寻虚拟精灵宝贝的人不小心乱穿马路导致的交通事故。又比如，有人不小心破坏了地下或海底光缆而导致某个地理区域整体断网。而且这样的事件时有发生：2013 年，在埃及亚历山大港附近，由于三个潜水爱好者的“失误”，连接欧洲、中东、印度次大陆和东南亚，从法国马赛直至新加坡的长达 2 万千米的海底光缆——亚欧 4 号（Sea-Me-We4）国际光缆，遭到了破坏。本书主人公的原型是一位生活在格鲁吉亚首都第比利斯附近的 75 岁妇女，她用锄头破坏了一条地下光缆。这位主人公原本只想回收旧电缆，将其中的铜丝卖了换钱，没想到却让邻国亚美尼亚断了好几天网。

最后，让我们说说世纪之交的“千年虫”事件。人们认为“千年虫”将会在 2000 年给世界带来无数的灾难，从而导致数字末日。尽管“千年虫”的产生是由于电脑系统内部时间设置的一个缺陷，互联网本身并不是真正的原因，但这个事件却深刻地反映出数字网络可能对我们的日常生活所造成的影响。当年，这一事件之所以最终并未导致十分严重的影响，是因为各国投入了数十亿美元以防止灾难性后果的产生。因此，2000 年的“千年虫”爆发实际上是一件非常严重的事件。有些人预测，类似的事件可能会在 2038 年再次发生，确切地说是 2038 年 1 月 19 日凌晨 3 点 14 分 7 秒，在 32 位的应用程序中的内置时钟触及其阈值的那一刻。[1]

1995 年，史前时代

“互联网是信息时代的高速公路，任何人只需要一个键盘就可以抵达

世界的任意角落，进入任何一个数据库，获取几乎所有信息。在这方面，美国明显处于领先地位。目前，世界上每20秒钟就有一个新的互联网用户出现。”1995年2月6日，在法国电视2台的8点新闻中，新闻播报员达尼尔·比拉利安首次在电视节目中专门介绍互联网这一议题时说。

在其中一条短短两分钟的新闻片中，记者帕特里夏·沙尔纳莱大力阐述这种新科技的各种好处，试着向观众说明只要拥有一台小型计算机并每月支付大约250法郎，即38欧元的订阅费，就可以使用互联网。**“您可以与任何人交流，比如比尔·克林顿。美国总统会收到您的信息，然后白宫就会回复。**”尽管这位记者尽力解释，大多数普通人仍然难以想象如何使用这种所谓的信息高速公路。要知道在1995年的时候，虽然每天大约有4300个新用户开始使用互联网，但是日常真正上网的用户一共只有几万人（其中就包括本书的作者之一让-诺埃尔·拉法格）。

同年，法国的互联网用户大约有3万，这个数字离法国如今的5700万还差得很远，更不用说2016年全球互联网用户已经达到了约34亿。[2] 20世纪的最后5年中，第一批网络咖啡厅——网咖开业了，人们可以在那里付费上半个小时的网。由于联网费用高昂，法国电信公司（France Télécom）最初计划在法国禁止互联网的使用，以推广他们自己的通信网络“互联网2”（Internet 2）——Minitel[3]的一种延伸，并称这一网络比互联网各个方面都要更好，因为这是法国自己的。

20世纪90年代也是人们使用调制解调器模拟信号上网的年代，网速缓慢使得所有的浏览器都向用户建议不要打开网页上的某些图片。即使是最小的图片，如果压缩质量不好的话，也需要整整一分钟的时间才能显示出来。更重要的是，在那个时代，即使联上了网，网上也没有什么内容！即使你有一个电子邮箱可以收发邮件，你的朋友们却不见得也有一个电子邮箱。为了方便人们找到可以访问的网站，一些像雅虎、AltaVista[4]这样的网站会提供一个网站列表，但是大多数法国用户还是喜欢在专门的报纸、杂志中寻找他们想要访问的网站地址。在很长一段时间内，一些大型的信息科技类出版社还会出版专门整理各类网址的书籍。比如《互联网公报 2016》就整理了全球 2000 多个网站的地址，自称“互联网黄页”；再比如《1000 个最好的网站 1997》，当时非常知名，每年还会更新一版。

2001 年，新的开始！

2000 年的千年虫危机过去之后，互联网用户的数量以惊人的速度不断增加。市场对这一领域产生了过度的热情。证券市场对一些互联网创业公司进行狂热的投资，这些公司的创始人通过转卖公司一夜之间成了百万富翁，而他们的公司甚至连产品还没有正式研发完成。在那个时代，互联网变成了新世纪的“黄金国”，人们蜂拥而上，纷纷投入追逐数字黄金的热潮。但是，不是每个人都能够成功的。比如我们之前提到的记者帕特里夏·沙尔纳莱，或许因为在为晚间新闻制作报道的过程中受到了网络新科技潜在可能性的吸引，她离开了法国电视 2 台，全身心投入了一家新的创业公司，然而这家公司在仅仅运行了 23 个月之后就宣告倒闭。还有 WebVan，这家从事食品网购的美国创业公司，在一年间募集了约 8 亿美元的投资来建设仓储、运输、配送等物流基础设施，却在短短数月之后的 2001 年提交了破产申请。

许多投资者盲目地将投资回报寄托于互联网日渐增长的用户数量，却突然之间意识到这一领域缺乏成功的商业模式，这就导致了人们在 2002 年所说的“互联网泡沫”。许许多多的公司在那一年相继破产，即使其中有一些是真正的创新者。比如 Quirky，一家从事互联网产品社会化的创业公司。当年，Quirky 十分超前地推出了众筹和用户参与相结合的网络服务形式，让网民为创意产品项目进行投票，选出他们希望可以投入生产的产品，再由 Quirky 负责研发这个产品并将其量产。在成功取得 40 万美元的投资后，Quirky 推出了一款蓝牙无线音箱。由于该产品的创意过于超前，大众并没有买账，最终只卖出了 28 件，Quirky 因此承受了巨大的商业损失。

还有一些电信公司也遭遇了挫败。2002 年，仅仅在美国就有 10 家大型电信公司提交了破产申请，其中就有美国曾经的通信巨头赢星通信（Winstar Communication）。1995 年，该公司的年营业额不过 300 万美元，短短 4 年之后，该数字就增至 4.45 亿美元。但是，这一史无前例的增长并没有让拥有 6000 名员工的赢星通信免于在 2002 年被迫进入司法清算。那一年，也有一些大型跨国企业在最后一刻避免了破产的悲剧，比如 Worldcom、Enron、Vivendi 以及法国电信。

归根结底，当年经济危机的直接原因其实是对技术革命的过度狂热，互联网本身不应该承担责任。类似的情况在 19 世纪也曾经发生过，1847 年铁路网络诞生之时，就有许多投机者对铁路行业进行了非理性的过度投资。当年，在法国和英国，过多的资金在短时间内投入铁路网络，人们匆忙地建设了数千公里的铁道，却没有得到相应的回报，最终导致了与 2001—2002 年情况类似的市场崩溃。

如今，这么多年过去了，我们已经不需要提醒任何人互联网的存在，因为大家每天都在使用它。上网这件事普通到有些人甚至没有意识到自己正在上网。例如，当一些摩洛哥、突尼斯或印度的电信运营商拨打法国的电话号码进行电话推销或购物推荐的时候，大多数客户都没有注意到这些电话其实是通过 IP 电话系统拨打的，而 IP 电话当然要依托互联网。

明天，特朗普与互联网

最近几年，互联网常常引起争议，有关社交网络的争议更是层出不穷。专门从事人口学研究和舆论调查的美国皮尤研究中心（Pew Research Center）在 2016 年的一份报告中指出，44% 的美国人主要从脸书（Facebook）直接获取信息。但是有人指责脸书将用户局限于一个理想的舒适区里，让人们接触不到与自己不同的观点，从而规避了不同观点之间的交锋。这就会形成一种很不正常的现象，即每个人都以为世界上的其他人和自己持有一样的观点。有人甚至指出，脸书的算法使得对立的观点和可能导致冲突的意见被部分掩盖，从而在很大程度上推动了特朗普赢得美国总统大选。大部分专家则认为，我们在社交网络上所做的选择（好友申请、点赞、留言等）不过是人类天性的一种集中体现——人们希望周围都是与自己意见相同或类似的人。

研究社交网络的社会学专家安东尼奥·卡西利（Antonio Casilli）提出，科技不应该承担过多的责任。根据他的观点，与特朗普取得胜利有关的不是脸书的算法，而是“水军”。这些人往往是来自发展中国家的学生，比如菲律宾、印度、哥伦比亚和墨西哥。为了区区几美元，他们可以给任何人、任何事点赞或辩护。根据美国新闻网站“商业内幕”（Business Insider）的报道，特朗普的脸书主页上 60% 的粉丝都是他的媒体关系负责人直接购买的水军。

特朗普刚刚赢得大选尚未履职的时候，就邀请了硅谷最重要的几大公司的负责人访问特朗普大楼[5]。这些受邀者里，除了 PayPal 公司创始人、自由意志主义者彼得·泰尔（Peter Thiel），其他所有人都曾在此前公开支持特朗普和伯尼·桑德斯的对手希拉里·克林顿。除了领英、优步、爱彼迎等几个公司没有接受邀请，美国其他所有的科技巨头都接受了这位未来美国总统的邀请，或由创始人本人出席，或派出公司高层领导出席。这一事件不仅体现了特朗普对数字科技企业的重视，也被视作这些企业向特朗普示好的信号[6]。

因为这一事件，曾在大选期间发起激进的宣传活动反对特朗普的网络社会运动组织 Avaaz[7] 感觉受到了威胁，向网民们募捐以帮助自己将总部迁至一个不受特朗普影响的国家。自 1990 年起致力于维护互联网自由的电子前线基金会（Electronic Frontier Foundation）也在《连线》杂志[8]

上用整整一个版面对科技爱好者群体发出警示：**“新的威胁已经出现。”**基金会叮嘱大家要加强对个人联网设备和通信工具的安全防护，以应对政府对网络监视力度的提升——特朗普曾经承诺会这么做。然而，我们都知道，唐纳德·特朗普是一个无法预测的人。这位白宫的新主人，在美俄之间的网络战和电子邮件泄露等事件造成了巨大的舆论争议后，对互联网表示了极大的不信任。2016 年 1 月 31 日，在向美国民众发表的讲话中，他说道：**“如果你有重要事情要告诉别人，最好使用老办法：把它写下来，然后通过邮局寄出去！”**

达维德·范德默伦

比利时漫画家，《图文小百科》系列主编

注 释

1 一些专家认为“2038 年虫”的影响可能很小，到那个时候，32 位的电脑由于过于陈旧将几乎完全被淘汰。当然也可能出现一些出乎意料的情况，比如在 20 年后，使用 32 位的系统卷土重来，被用于智能汽车、智能洗衣机等智能设备上。

2 数据来源于社交媒体传播公司 We Are Social 2016 年发布的一份覆盖 232 个国家和地区的报告，参见网址 www.blogdumoderateur.com/usage-internet-2016。

3 Minitel 是法国自主研发的国家网络，1982 年正式推出，被认为是万维网出现前世界上最成功的线上服务之一，用户可以通过它进行网上购物、预订车票、查看股价、收发邮件，以及类似互联网的线上聊天。2009 年 2 月，法国电信表示 Minitel 网络每月仍有 1000 万次连接。2012 年 6 月 30 日，Minitel 在互联网的冲击下全面停用。

4 AltaVista 是被使用最多的早期网络搜索引擎之一，2003 年被雅虎收购，2013 年网站正式关闭。

5 特朗普大楼（Trump World Tower）是一座位于纽约曼哈顿区第五大道的 72 层多用途摩天大楼，属于纽约地标建筑。特朗普集团以此作为总部，内设唐纳德·特朗普的空中别墅。

6 这种示好的解读很快被澄清了，因为特朗普在宣誓就职仅仅一周后就签署了一项反移民法令，暂停向诸多国家的移民申请者发放签证。谷歌、苹果、推特、脸书等数家硅谷科技巨头以往很少公开它们的政治倾向，却于 2017 年 1 月组织了反对这项新政策的行动。这是新兴科技行业首次作为反制度的力量面对公众，提醒特朗普科技行业的健康发展同时依靠低成本的劳动力，而其中 30% 的劳动者是居住在加州的外国移民。需要说明的是，谷歌和脸书严格意义上讲不是美国的公司，而是不依附于任何一个国家的全球性公司。

7 Avaaz 是一个全球性的非政府组织，于 2007 年 1 月成立，关注议题包括人权、气候变化、环境保护、贪腐及贫困等。该组织希望通过全球网络的力量，向政治领袖及国际企业传达改变政策的诉求。

8 《连线》（*Wired*）是从 1993 年开始在全美发行的月刊，同时拥有纸质版和网络版，着重报道科技对文化、经济和政治的影响。

格鲁吉亚
2011 年 3 月
哐啷！哐啷！
哐啷！

铛
铛
铛！

铛
铛
铛
铛
！

哎呀呀！！
您在干什么啊?!

1　随意画的线条，表示该人物在说听不懂的话。

您觉得我长得像铜缆吗？
您把我倒卖了也赚不着钱！

您以为我没看见您拎着
锄头、踩着大靴子过来
吗？小偷！

唉，我也要
吃饭啊！

您刚刚干了一件
蠢事，让整个
亚美尼亚都断了网！
什么？

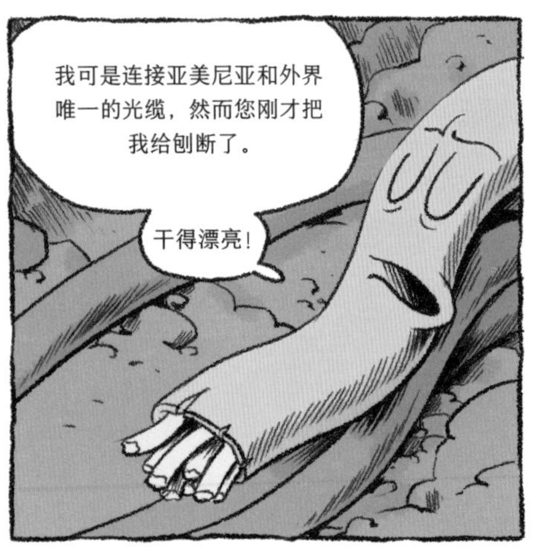
我可是连接亚美尼亚和外界
唯一的光缆，然而您刚才把
我给刨断了。
干得漂亮！

得了吧！我孙子跟我说了，
网是从天上来的！
从“云”里来，
他就是这么说的。

当然了！这些年轻人整天只知道上网聊天、看油管（YouTube）视频，但其实他们什么也不懂。

唉，你没说错。
而且他们真不像话，一上网鼻子都贴到屏幕上了，要他们做点事情也不答应。

告诉我，您想不想从您孙子的视角去看看互联网的世界，试着了解一下其发展历程？
嗯……

或者您更想在这儿等着被警察抓走？
哎哟！

我还是跟你走吧。

嗖

亲爱的女士，您知道吗？截至 2017 年，已经有一半地球人都是互联网的用户。

在法国、瑞士和比利时，10 个人中有 9 个人都是。
在冰岛，居民共计 331778 人，每个人都有一台连接互联网的设备。

然而，很多人并不了解这个网络。
2012 年，在印度尼西亚，由于社交网络平台“脸书”成功推广，互联网的使用量呈爆炸式增长。然而，那里一半的脸书用户却这么说：
FACEBOOK
互联网？不，我不用。

那又怎么样？
这很严重吗？
人们一致认为，有了互联网之后，人类文明进入了一个新的时代。因此，了解一下这个网络是如何运行的很有必要。

新的时代？既然你都这么说了，那互联网到底重要在哪儿？

它满足了一个古老的需求——沟通。

为了解释互联网的诞生，我们必须追溯到很久以前，要知道人类一直以来都有远距离沟通的需求。

比如说，通知同伴敌方部落到来、危险的野兽靠近，或者猎物出现。

最初用于快速远距离沟通的方法只能传递有限的信息，而且必须通过某种事先规定好的方式。
比如说村庄里的钟声……

叮！叮！叮！
钟声在报时……

丁零零！丁零零！
有婚礼……

叮当当当当！
有警报……

咚！咚！咚！
有葬礼……

而那些可以传递更为复杂的信息的沟通方式，比如说话或者写字，需要更多的时间才能跨越遥远的距离。

从古时起，为了满足皇室或帝国的特殊需求，人们修建了道路、建立了驿站、设置了信息传递的程序和方法（比如密封信函），使得消息可以远距离传输。

远程通信方式在1794年加速发展，沙普兄弟的电报系统[1]投入使用：
陆地上每隔10到15千米设置一个通讯塔，接收从上一个通讯塔发出的信息，并将其传递至下一个通讯塔。
为了不被公之于众，信息以代码的形式传递。

1837年发明的摩斯电码也是一种信息代码。以摩斯电码传递信息所需的人力更少，因而速度也更快。

摩斯电码的另一个特性是字符可以借由不同的传递媒介传送，比如声音、电磁脉冲、无线电波、光波等。

1　法国发明家克劳德·沙普（Claude Chappe）及其兄弟发明了用通讯塔上的木杆传递信息的系统：他们每隔一定距离建一座高塔，塔上架设可活动的木杆，以木杆的不同姿态表达不同的意思，然后通过一座座通讯塔传递下去。

另一个重大发明是电话，它的发明者亚历山大·格雷汉姆·贝尔（Alexander Graham Bell）于 1876 年 2 月 14 日申请了专利。

一开始，接通电话需要人来操作，而且所有的线路全部连接一个电话交换局。

女士您好，电线先生给您来电。

打电话的人必须先向一位接线员发出请求……

然后接线员向接收者拨出电话，最后把双方的线路以物理方式连接到一起。

好的。

一条线路只能建立一个通讯连接，因此可以想象当时有多少电线投入使用。

（前斯德哥尔摩电话塔，1890 年左右）
€

这个系统至今没有什么大的变化，只是电话接线员被自动连接取代了。实现这一功能的自动电话交换机，是一个名叫阿尔蒙·斯特罗格（Almon Strowger）的美国殡仪公司老板于 19 世纪末发明的。起因是他怀疑电话接线员把顾客打给他的电话直接转给了他的竞争者，因此想要不再依靠接线员。

从 20 世纪 50 年代起，标准电话系统开始在调制解调器的帮助下连接分隔两地的电脑。
调制解调器是一种将模拟信号与数字信号相互转换的设备，
1958 年由美国贝尔实验室研发。
电子技术的发展和电话网络质量的提高使得数据可以更快地通过调制解调器进行传递。
然后，互联网就诞生了！
并不是这样的。
通过这个系统，数据只能在两台电脑之间传输，而且传输时要占据整条线路。
这显然不令人满意，人们需要发明可以在大量信息接收者之间同时进行信息传递的方法。

互联网被创造出来之前，很多人都幻想过它的诞生……
作家爱德华·佩奇·米切尔（Edward Page Mitchell）在其 1879 年的小说《参议员的女儿》中设想：未来，人们可以远程读报纸，并在家里自行打印。

1934 年，比利时发明家保罗·奥特莱（Paul Otlet）向国际联盟提议，设立一个全球知识远程储存和传输的系统。

他的提议没有引起预期的关注，于是他转而到一个个国家宣传，甚至找到了纳粹德国，但始终没有成功说服任何国家。

麻省理工学院的约瑟夫·利克莱德[1]在 1962 年发表了数篇论文，提出“银河网络”（Galactic Network）的概念，也就是全球计算机互联网络。
这一概念从某种程度上来说，较为准确地描述出了当今的互联网。

1 约瑟夫·利克莱德（J. C. R. Licklider，1915—1990），美国心理学家，计算机科学家，互联网先驱，计算机科学和通用计算机历史上最重要的人物之一。

听说创造互联网是美国军方的主意……
人们常说，互联网的诞生源于创建一个去中心化的军事网络的需求。即使美国一半的州都从地图上被划出去，这个网络应当还能继续运行。

互联网的诞生确实依靠了军方的资金，网络也确实可以在部分信息传输服务中断的情况下继续运行。

但其实，互联网的诞生最初是为了让信息在美国不同的科研中心之间流畅、稳定地传输，以便研究者们能互相交流、分享研究成果。

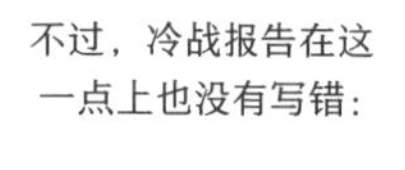

不过，冷战报告在这一点上也没有写错：

互联网的架构实际上继承了计算机工程师保罗·巴兰（Paul Baran）的研究成果。保罗·巴兰在 1959 年接受兰德公司[1]的委托，研发一种可以抵御核打击，即使在部分损毁的情况下也可以继续运行的信息网络。

1　兰德公司（Rand）成立之初是为美国军方提供分析和调研服务的非营利机构，现在也为其他国家的政府和组织提供政策、经济、社会等多方面的决策咨询。

巴兰的结论是，为了实现这一目标，需要设计一种**去中心化**的网络，使得数据可以通过不同的线路、经过不同的传输点从一个点到达另一个点。

这种网络的第一份草图诞生于 1969 年。网络的名字是阿帕网（ARPANET），源于美国国防部下属的高级研究计划局（ARPA），现在名为国防高级研究计划局（DARPA）。

这个网络最早连接 4 所大学：

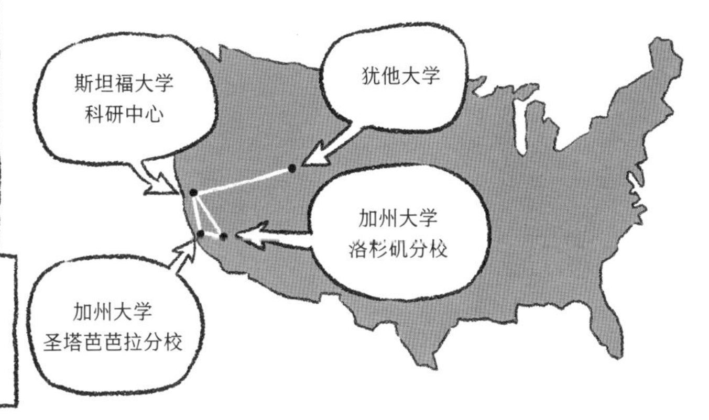
斯坦福大学
科研中心
犹他大学
加州大学
洛杉矶分校
加州大学
圣塔芭芭拉分校

1969 年 10 月 29 日，网络第一次成功连接，一条内容为“login”（登录）的信息从加州大学洛杉矶分校成功地传输到了斯坦福大学。

互联网就此诞生。
?

互联网有点像铁路网——
一张不停扩张的网。
1981 年，阿帕网连接着美国各地 213 所研究中心。

它也是一张不断完善的网。
1973 年，罗伯特 · 卡恩（Robert Kahn）和文顿 · 瑟夫（Vinton Cerf）开展研究，对阿帕网进行了一次整体技术重构，整个过程花费了 10 年的时间。

哐当！哐当！哐当！
哐当！
呜呜！呜呜！
罗伯特·卡恩和文顿·瑟夫所设计的互联网的基础架构叫作 TCP/IP，由两项协议组成：

IP
（互联网协议）
IP

和 TCP
（传输控制协议）。
TCP
TCP
TCP

IP

IP 是数据路由系统：每台电脑有唯一的地址，叫作 IP 地址。通过它，一台电脑可以即刻识别出与自己产生联系的其他电脑。

你好！
你好！
IP
IP
IP

这些地址由 4 组在 0 到 255 之间的数字组成。
例如，83.167.35.147 是某台电脑的 IP 地址。
83.167.
35.147

IP 地址的数字常常与地理区域上具体的信息服务提供者或者公司对应：
17...
18...
56...
以数字 9 开始的 IP 地址属于 IBM 公司，17 属于苹果公司，18 属于麻省理工学院，56 属于美国邮政，等等。
以上每种固定数字开头的 IP 可以包含 16777216 个不同的地址。

然而，整个非洲只拥有 196 开头的 IP 地址。
这充分说明了可用的 IP 地址远远不足，因为全球 70 亿人口只有大约 40 亿个地址。
非洲
20 世纪 90 年代的 IPv6（互联网协议第 6 版）为人们解决了这个问题。
IPv6 理论上可以分配数以兆计无穷无尽的地址。

这个协议的目的不是给每个地球上的居民仅仅分配一个地址，而是数百万个地址，使得每一件物品都可以联网，不只是我们的电脑，还有冰箱、咖啡机甚至我们家里任何一盏电灯！

不过，大部分网络用户仍然在使用 IPv4（在不知情的情况下），因为这种更新换代不是自动的。

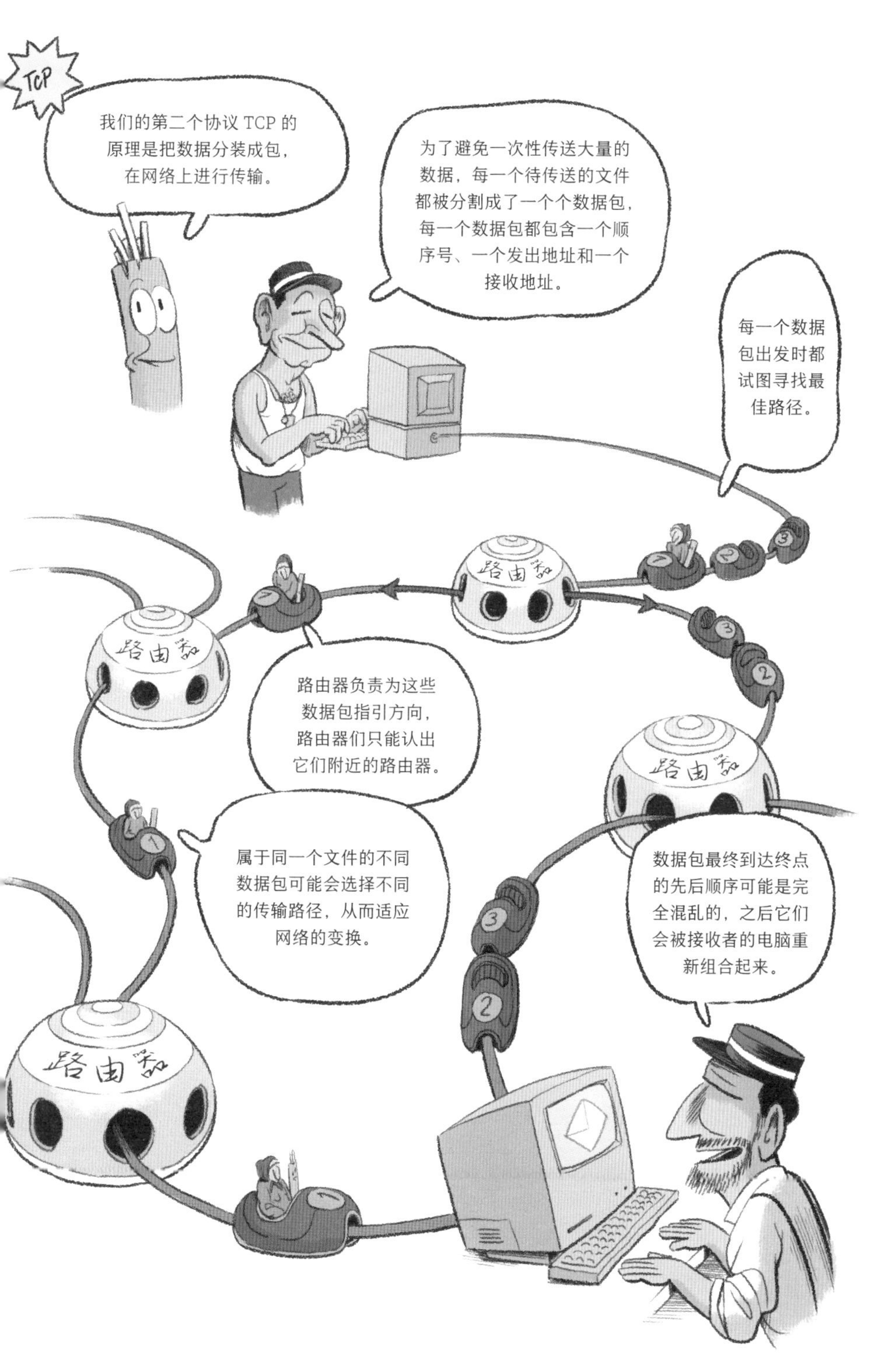
TCP
我们的第二个协议 TCP 的原理是把数据分装成包，在网络上进行传输。
为了避免一次性传送大量的数据，每一个待传送的文件都被分割成了一个个数据包，每一个数据包都包含一个顺序号、一个发出地址和一个接收地址。
每一个数据包出发时都试图寻找最佳路径。
路由器
路由器
路由器负责为这些数据包指引方向，路由器们只能认出它们附近的路由器。
路由器
属于同一个文件的不同数据包可能会选择不同的传输路径，从而适应网络的变换。
数据包最终到达终点的先后顺序可能是完全混乱的，之后它们会被接收者的电脑重新组合起来。
路由器

没有一个数据包享有比其他数据包更好的待遇，它们在网络上是平等的。
这就是“网络中立”。然而有些人却没有遵守这一原则，让来自某些发出地或指向某些接收地的数据包处于劣势，并让其他某些数据包优先通过。
路由器

同样，所有的联网设备也都是平等的，既可以是客户的角色，也可以是服务器的角色，或者两者皆是。
这与电信中常用的控制和等级的理念正好相反……
路由器

从诞生之初，电信就是一项国家事务，因此涉及控制和等级。
相反，为了满足科研人员的需求，互联网从诞生之初就有开放、信任和分享的传统。
电话系统

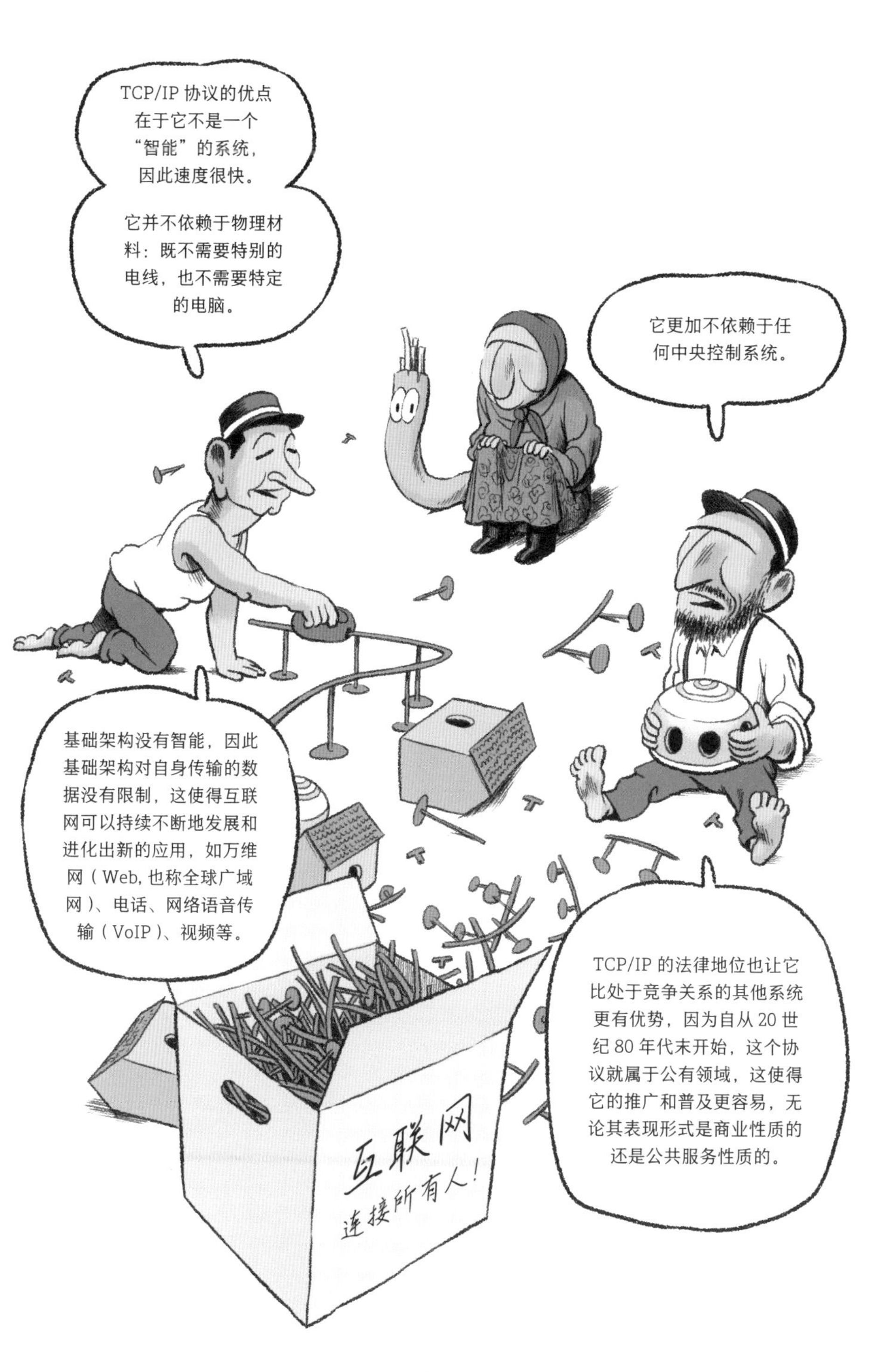
TCP/IP 协议的优点在于它不是一个“智能”的系统，因此速度很快。
它并不依赖于物理材料：既不需要特别的电线，也不需要特定的电脑。
它更加不依赖于任何中央控制系统。
基础架构没有智能，因此基础架构对自身传输的数据没有限制，这使得互联网可以持续不断地发展和进化出新的应用，如万维网（Web，也称全球广域网）、电话、网络语音传输（VoIP）、视频等。
TCP/IP 的法律地位也让它比处于竞争关系的其他系统更有优势，因为自从 20 世纪 80 年代末开始，这个协议就属于公有领域，这使得它的推广和普及更容易，无论其表现形式是商业性质的还是公共服务性质的。
互联网
连接所有人！

1983 年 1 月 1 日，在一日之间，所有连接阿帕网的电脑都从原先的 NCP 协议转换到了 TCP/IP 协议——如今的互联网形成了。

阿帕网以及之后的美国国家科学基金会网（NSFNET）在很长的一段时间内都只限于美国使用。因为除了挪威、瑞典和英国之外，欧洲国家一般更愿意使用他们自己的系统——20 世纪 70 年代就已建立的卫星通信系统。

对于大部分国家，互联网要等到十几年甚至二十几年以后才建成……

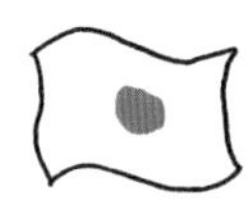

日本
1989 年

法国
1988 年

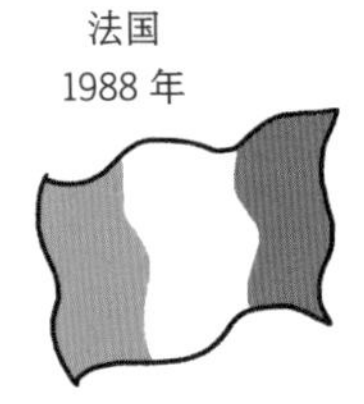

中国
1994 年

那么互联网最早的功能是什么呢？

发明互联网最早是为了让科研人员可以互相沟通交流，因而最早的功能自然是文件传输。

1969 年问世的 Telnet 协议是最早投入网络使用的协议之一。

这一协议可以让人们通过在本地终端上输入命令行（写入指令），与任意一台联网设备（比如打印机）进行远程交流。其中包括对远程设备进行遥控，这种遥控就好像在设备边上操作一样。

电子邮件是由美国信息工程师雷·汤姆林森（Ray Tomlinson）于 1971 年发明的。

```
$ mail from:[1]
ray@192.1.122.24
$ rcpt from:
vint@164.67.228.
152
$ data
$ Subject: Essai
$ Salut
$ J'esaie de
t'envoyer un
mail en ligne
de commande
$ ciao !
$ r.
$
$ .
```

最初，电子邮件只能包含纯文字内容。人们在 Telnet 协议的基础上以非常严格的命令行的形式编写电子邮件。

FTP（File Transfer Protocol，文件传输协议）于 1973 年投入使用。这一协议用于在设备之间发送和接收文件。

依托这一协议，人们如今可以把在个人电脑上设计的某个网站的全部网页和图像存储在一个服务器中。

其他的应用也逐渐发展起来，比如 1979 年发明的电子论坛系统 Usenet 和 1988 年设计的实时在线聊天系统 IRC（Internet Relay Chat）。

互联网一直在不停发展，它的内容也在不断丰富。
因此产生了对这些内容进行分类的需求，出现了 Archie、Wais 和 Gopher 三种信息查询系统。

比如说最后这个 Gopher 系统，它可以在本地或远程服务器内部检索文件，用于查阅或下载。

Gopher 系统在最初的两年间取得了巨大的成功。但自 20 世纪 90 年代中期以来，随着万维网的迅速发展，这个系统基本消失了。主要原因是建立万维网网页文件所使用的语言 HTML（超文本标记语言）可以显示图片，而 Gopher 却做不到。

WEB

1 用以上命令行写出的邮件为“主题：试验 / 内容：你好，我试着用命令行给你发送一封邮件。再见！雷”。

话说，联网的电脑是如何找到一个如此复杂的 IP 地址的呢？
93.103.
147.25

IP 地址确实不太容易记，因此 1983 年，人们发明了互联网域名系统——
DNS（Domain name system），这一系统可以让服务器给主机分配一个简单易懂并容易记忆的名称。

告诉人们登录 http://www.lelombard.com，比起告诉他们登录 IP 地址 83.167.35.147 要容易得多。
Le Lombard[1]

哦……
其实我从来没弄明白过这些什么 ttp 啊，ww 啊之类的地址。

好吧，我们现在来解析一个 URL（Uniform Resource Locator，统一资源定位系统）地址，以便了解它的运行方式：

http://	www.	lelombard.com	/bdtk	/index.htm	#internet

1　Le Lombard 是本系列漫画原版的出版社：法国隆巴出版社。

"lelombard.com"是互联网域名。
我们可以把域名比作一个地址：其中的后缀".com"可以被视为国家名，前面的"lelombard"就是城市名。
后缀可以指代国家（.fr，.be）、品牌（.ovh，.ibm，.chrome）或者其他的内容（.com，.net，.org）。
虽然".com"原本的意思是商业组织，而".org"原本的意思是非营利组织，但实际上所有人都可以得到包含这些后缀的域名。
Le Lombard

地址最前面的"www"实际上不属于域名，而是子域名。
同一个服务器可以容纳数个子域名。拿维基百科为例，fr.wikipedia.org指向维基百科的法语版，而en.wikipedia.org指向英文版。
"www"这个名称来自一个老版本的协议，很多网站都使用这个子域名。
ES
EN
FR
NL
IT
WiKiPEDiA
地址中的"/bdtk/"这一部分代表一个叫"bdtk"的子文件夹，在这个文件夹中存放着名叫"index.htm"的文件，而这个文件也就是你想要访问的网页。
最后，"#internet"这一部分指向这个网页中的具体一节，它的作用就像一个定位的"锚"。
ES
PT
IT
DE

那么
http:// 呢?
代表我们所
使用的协议。
http://
www

到底什么是
协议?
就是用于建立信息
沟通的一套标准。

比如，要想打电话，协议
要求人们：等待对方接起电
话——听到“喂?”——报上
名字——开始对话——互相
道别——挂上电话。

Http 代表 Hyper Text
Transfer Protocol（超
文本传输协议），它是
万维网的核心和基础。

万维网不是互联网的
另一种叫法吗?
当然不是。

那么万维网
是什么呢?
嗯……

1989 年，蒂姆 · 伯纳斯–李[1] 向欧洲核子研究中心（CERN）提议，在该中心的信息网络中创立一个全新的知识传播系统，让所有科研人员都可以自由访问。罗伯特 · 卡里奥[2] 之后也加入了这个项目。

CERN

这个项目中特别重要的一点是，所有传输的文件都应该能够以**超文本**形式互相连接。

意思是……？

这也就是说，人们可以以非线性的形式通过一个个链接从一个文件跳到另一个文件。

同年，CERN 的网络采用 TCP/IP 协议并开始通过互联网与外界通信。

世界你好！

1985 年，史蒂夫 · 乔布斯在被苹果公司辞退后成立了 NeXT 电脑公司。在该公司开发的 NeXT 工作站[3] 上（在乔布斯回归苹果公司后，这个工作站的系统被当作 Mac OS X 系统的基础），伯纳斯–李和卡里奥设计出了第一个 HTTP 服务器（名为 CERN httpd）和第一个 Web 浏览器（全名 World Wide Web），从而发明了万维网。

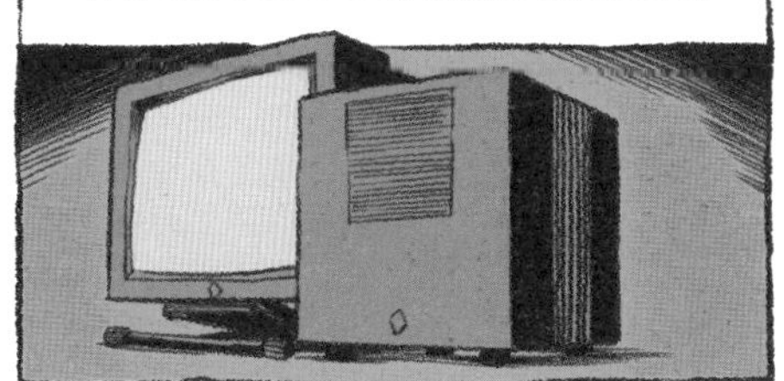

这个名字让人们不免想到创始人的野心远远不止建立一个 CERN 的内部网络。

1993 年 4 月 30 日，CERN 将这一技术毫无保留地授权给大众免费使用，这一举动对互联网的历史乃至整个世界的发展进程都产生了重大影响。当年，全世界一共约有 600 个万维网网站。

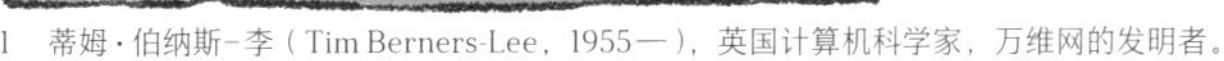

1 蒂姆 · 伯纳斯–李（Tim Berners-Lee，1955—），英国计算机科学家，万维网的发明者。
2 罗伯特 · 卡里奥（Robert Cailliau，1947—），比利时计算机科学家，和伯纳斯–李合作开发万维网。
3 工作站是一种高端个人电脑，性能强大，常配备多个显示器和大容量存储器。

万维网的到来
改变了一切……
万维网是互联网的未来！
MOSAIC

这就是为什么我们发明了网景导航者（Netscape Navigator），它是一个为大众服务的浏览器，用于登录万维网！
N
马克·安德森[1]

我们没有办法收购万维网吗？这东西可了不得！
没办法，比尔·盖茨先生，万维网属于公有领域。

那么，我们来创造一个可以替代互联网的东西吧！
？
？
？
msn.[2]

嗯……那我们不在微软 Windows 95 系统里安装万维网浏览器了？
不，不。我说了，我们要用 MSN。
msn.

比尔……所有人都在使用万维网。不要再想 MSN 了，已经太晚了。
唉，好吧。

糟糕！我们没在 Windows 95 系统里面安装万维网浏览器！

1　马克·安德森（Marc Andreessen，1971—），美国企业家，投资者，软件工程师，Mosaic 浏览器开发者之一，网景通信公司创始人之一。

2　MSN，全名 The Microsoft Network。虽然从未改过名，但 MSN 的产品内容却经历了数次改变，从最初的一个与互联网竞争的公共网络系统，到互联网接入服务提供者，再到互联网浏览器 IE 的默认门户网站，最终变为用于浏览器的一系列应用软件，其中就包括非常流行的即时通信软件 MSN Messenger。

MSN 计划的放弃可以被视作网景导航者及其拥护者的胜利。
N

比尔·盖茨的微软公司还是创建了一个新的浏览器——IE（Internet Explorer）。
N

万维网开始进入了一场浏览器之战，每个浏览器的应用工具都试图强行附加一些与其他浏览器不兼容的功能。
WEB 程序员
N
这也太受限了！我们不得不根据特定的浏览器构建我们的万维网网站。

网景公司最终输掉了这场战役，于 1998 年被美国在线（America Online）收购。
但网景的项目仍然在 Mozilla 基金会[1]的支持下继续进行，并开发出著名的火狐浏览器（Firefox）。

在浏览器大战的同时，如何在万维网上定向搜索迅速成了一个新的重要问题……

1 Mozilla 基金会（Mozilla Foundation）是为支持和领导开放源代码项目而设立的一个非营利组织。

1994 年，雅虎出现了，这是一个按专题分类的人工分类目录型网站索引。
1995 年，AltaVista 出现了，这是一个自动搜索引擎，根据在网站上检索的关键词得到搜索结果。
与雅虎相比，AltaVista 检索的网页数量更大，但检索的结果却不总与检索的内容相关。
到了1998 年……
轰隆！
谷歌来了。
噗吱！
噗吱！
谷歌的英文名 Google 源自英语单词 Googol（古戈尔），意为一个由数字 1 后挂 100 个 0 组成的数字。
谷歌搜索引擎由当时还在读博士的拉里·佩奇（Larry Page）和谢尔盖·布林（Sergey Brin）共同创建。
谷歌公司就诞生于二人的朋友苏珊·沃西基（Susan Wojcicki）的车库里。沃西基拥有文学和经济学教育背景，是油管的现任首席执行官。
咔嗒！咔嗒！咔嗒！

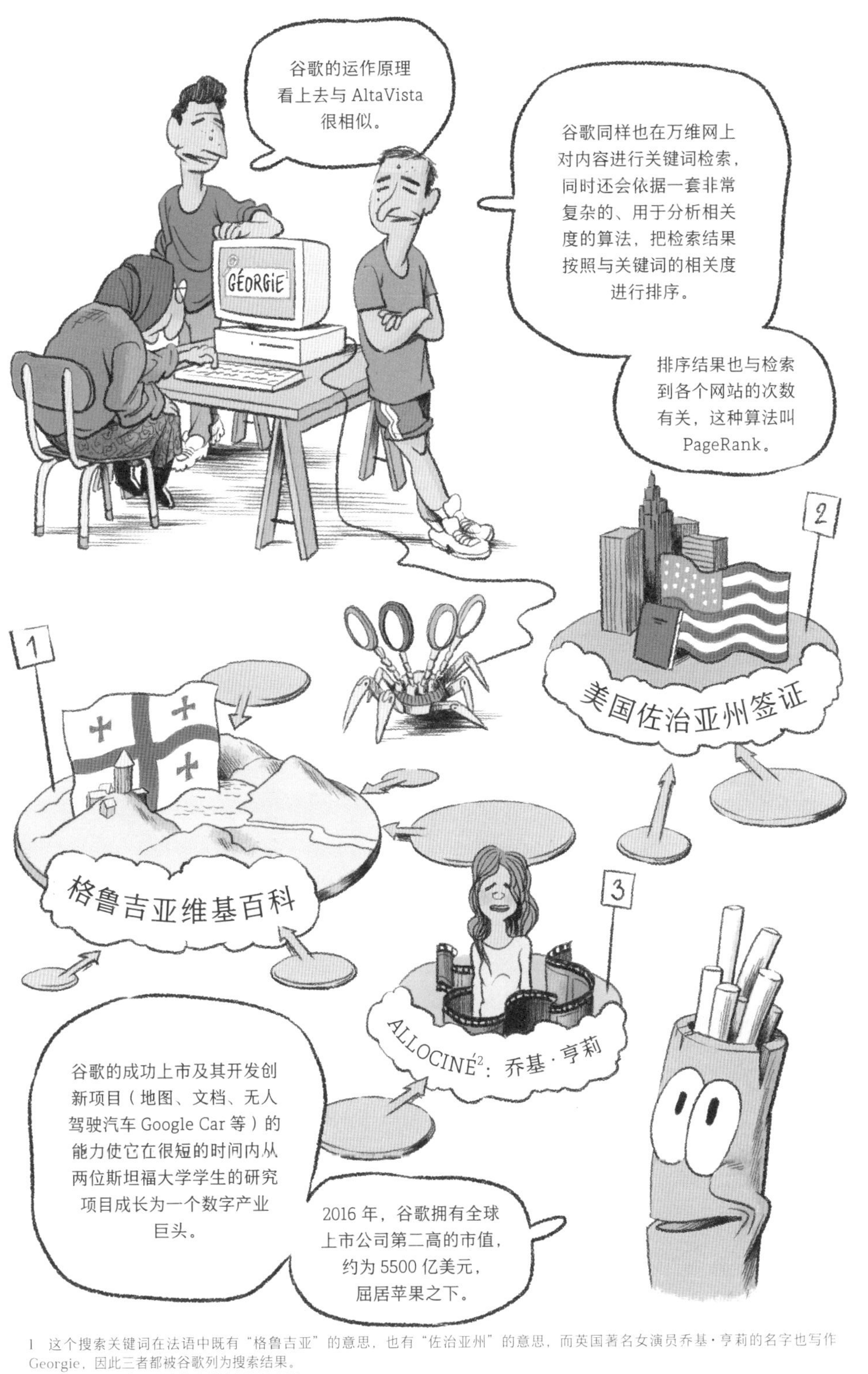
谷歌的运作原理
看上去与 AltaVista
很相似。
GÉORGIE[1]
谷歌同样也在万维网上对内容进行关键词检索，同时还会依据一套非常复杂的、用于分析相关度的算法，把检索结果按照与关键词的相关度进行排序。
排序结果也与检索到各个网站的次数有关，这种算法叫 PageRank。
2
美国佐治亚州签证
1
格鲁吉亚维基百科
3
ALLOCINÉ[2]：乔基·亨莉
谷歌的成功上市及其开发创新项目（地图、文档、无人驾驶汽车 Google Car 等）的能力使它在很短的时间内从两位斯坦福大学学生的研究项目成长为一个数字产业巨头。
2016 年，谷歌拥有全球上市公司第二高的市值，约为 5500 亿美元，屈居苹果之下。

1　这个搜索关键词在法语中既有“格鲁吉亚”的意思，也有“佐治亚州”的意思，而英国著名女演员乔基·亨莉的名字也写作 Georgie，因此三者都被谷歌列为搜索结果。

2　AlloCiné 是法国最大的电影资讯门户网站。

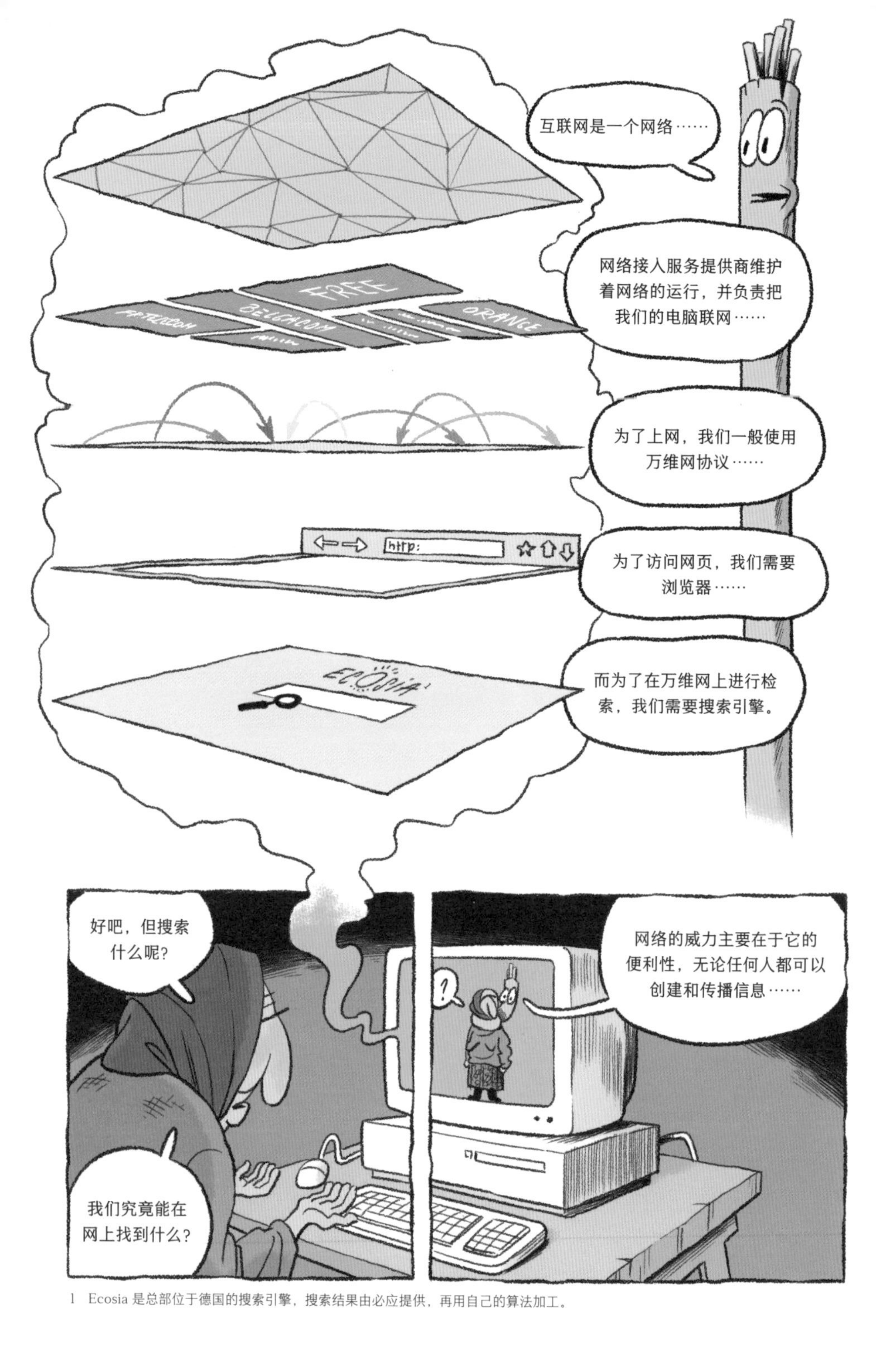
互联网是一个网络……
FREE
BELGACOM
ORANGE
网络接入服务提供商维护着网络的运行，并负责把我们的电脑联网……
为了上网，我们一般使用万维网协议……
http:
为了访问网页，我们需要浏览器……
ECOSIA
而为了在万维网上进行检索，我们需要搜索引擎。
好吧，但搜索什么呢？
我们究竟能在网上找到什么？
网络的威力主要在于它的便利性，无论任何人都可以创建和传播信息……

1 Ecosia 是总部位于德国的搜索引擎，搜索结果由必应提供，再用自己的算法加工。

在个人电脑上存储网页是可行的，但是如今最常见的方法是将内容存放在外部存储服务提供方那里。

设计网页非常简单，只需要一个文字编辑和几分钟可以学会的基础 HTML 语言就足够了。

```
<html>
 <head>
  <title>Mon
super site¹</title>
 </head>
 <body
bgcolor="black"
color="white">
  <i>J'arrive à écrire
en italique !²</i>
 </body>
</html>
```

不需要掌握任何特殊的技术，也不需要购买任何昂贵的软件！

如今，我们还可以看到一些科学家当年的个人主页，这些网页明显缺乏图像表达的热情。

Marvin Minsky

MIT Media Lab and MIT AI Lab
Professor of Media Arts and Sciences, MIT
Professor of E.E.C.S., M.I.T
minsky at media.mit.edu

Abstracts Bibliography Biography People

...atics, computational linguistics, robotics, and optics. In recent years he has wo... *The Emotion Machine* and *The Society of Mind* (which is also the title of the c...

...4). In 1951 he built the SNARC, the first neural network simulator. His other inv... one of the first LOGO "turtles". A member of the NAS, NAE and Argentine NAS, h... ectronics, and the Benjamin Franklin Medal.

Some Publications

The Emotion Machine 2006 (book) draft (0 1 2 3 4 5 6 7 8 9 Bib)

Essays on Education --- (for OLPC) --- (1 2 3 4 5)

这确实不太酷，既没有视频，也没有动态图像……

其实呢，万维网的第一个“多媒体”元素就是图片。在 HTML 网页上加入图片的功能不仅极大地推动了万维网的传播，而且使网景浏览器得到快速普及。不久之后，依靠 GIF 图像格式，人们可以在网页上添加动态图片了。

但是这还远不能满足人们的需求，于是更多的系统程序被开发出来，用于增加万维网的互动性，使网页可以显示 3D 影像、视频、互动动画等。

这些程序就是“插件”，只需要下载就可以增加浏览器的功能。

FUTURSPLASH
Flash 的前身
JAVA
编程语言
SILVERLIGHT
微软银光
QUICKTIME
多媒体框架

1 法语：我的超级网站。
2 法语：我能写意大利语了！

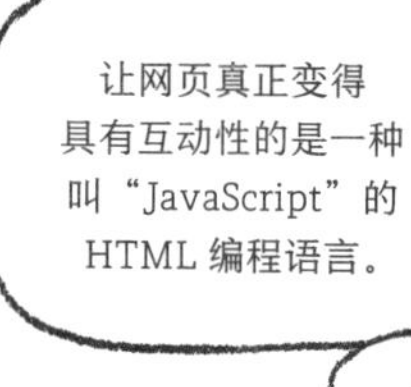

让网页真正变得具有互动性的是一种叫“JavaScript”的HTML编程语言。
如今JavaScript是一种非常强大的语言，可以控制
摄像头、
3D影像、
声音……

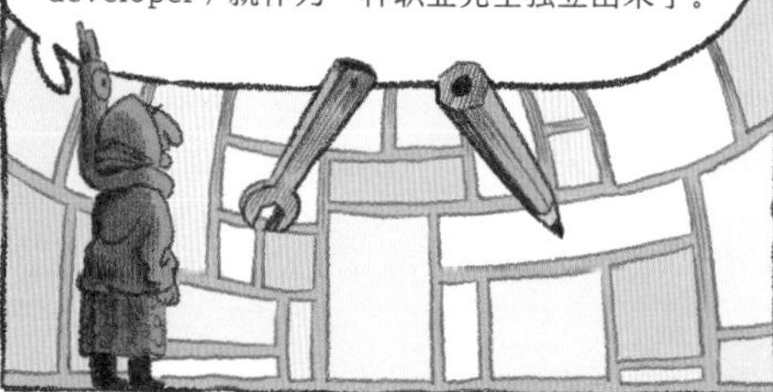

在变得完备和严格的过程中，各种编程语言促使网站的编辑者不断专业化，也促使网站编辑工作不断分工细化。
最初的时候，网站内容的编写者同时也是编辑网站格式的人。渐渐地，“网站开发员”（web developer）就作为一种职业完全独立出来了。

我的孙子有时候会说什么Web 2.0……这个词是用来形容万维网的发展速度很快吗?
不完全是。Web 2.0这个词是2013年由《创客》[1]杂志的创始人戴尔·多尔蒂（Dale Dougherty）首次提出的，用来形容万维网的社会性。
Web 2.0
GIF
PUB

通过Web 2.0，网民不仅生产和消费内容，他们还产生了社会关系。
Instagram
Wikipedia
snapchat
Linked in
twitter
facebook
myspace

电子邮件不也是这样吗?

1 《创客》（*Make*）是一本美国杂志，主要推广“自己动手”和“与他人一起做”的理念，涉及计算机、电子、金属加工、人工智能、木工等不同学科，鼓励读者学习科技新知识。

这么说吧，Web 2.0 的界面可以非常高效地处理事务并使之系统化，高效到了一种令人担忧的地步。
怎么会呢？

主要是关于隐私方面。
因为在网上创建的关系与现实中的关系有一些不同之处。

比如，有些人认为，社交网络使“友谊”这个词变得廉价了。
人们现实生活中的朋友往往比脸书上的“朋友”要少。

脸书是典型的社交网络。创立于 2004 年的脸书最初不过是哈佛大学学生的一个照片簿。
[thefacebook]
Welcome to Thefacebook!
[Welcome to Thefacebook]
Thefacebook is an online directory that connects people through social networks at colleges.
We have opened up Thefacebook for popular consumption at Harvard University.
You can use Thefacebook to:
Search for people at your school
Find out who are in your classes
Look up your friends' friends
See a visualization of your social network
To get started, click below to register. If you have already registered, you can log in.
Register
Login
a Mark Zuckerberg production
Thefacebook © 2004

仅仅经过 10 年的时间，脸书的创始人、生于 1984 年的马克 · 扎克伯格就登上了世界富豪榜第 6 名，身价超过 500 亿美元。
哈哈哈！
Mark Zuckerberg
Journal
À propos
Abonnez-vous à Mark pour voir ce qu'il partage au niveau p
73 155 513 abonnés

为了增加用户数量，脸书资助 Internet.org 并加入了“平价互联网联盟”(A4AI，Alliance for Affordable Internet)，这两个组织的宗旨是让发展中国家有更多的人能够获得互联网服务。
挠挠

哎哟喂！
呼！

这些不穿衣服的网站也属于Web 2.0 吗？
YEAR 2000
Bomis.com
哈哈，不太算。
这个之后再说。
不如先来看看……

成人内容，可赚得不少……

但是到最后，凭这些裸女的照片，我究竟能带给世界什么呢？
我得推动一个公益项目……

让我想想……凭借 BOMIS，我有一个服务器，我有很多访问者……

有了！

拉里·桑格[1]，我是吉米·威尔士[2]……来我办公室坐坐怎么样？
我这就来！

拉里，我听说你是哲学博士，学识渊博……
嗯？

你来帮我创建一个在线百科全书吧！

1　拉里·桑格（Larry Sanger，1968—），美国哲学家，互联网项目开发员，维基百科的创立者之一。

2　吉米·威尔士（Jimmy Wales，1966—），美国企业家，维基百科创始人之一，维基媒体基金会荣誉主席，同时也是以提供成人内容而知名的门户网站 Bomis 的创始人之一。

几个月之后……
厉害啊，拉里，你设计的这个 Nupedia 看上去很不错啊！但是怎么只有十几篇文章呢？
NUPEDIA

这是因为……在一篇文章被发布出来之前，必须首先通过有效性筛选。
哦……这也太慢了。

听着，我建议再设计一个百科全书，和这个百科全书的规则完全相反：
要让每个人都可以发布内容，然后所有网民都可以对已发布的内容进行修改。
这个想法很好，拉里！

如今，维基百科包含以 293 种语言发布的超过 4000 万篇文章，有一些词条甚至从来没有在任何字典中出现过！

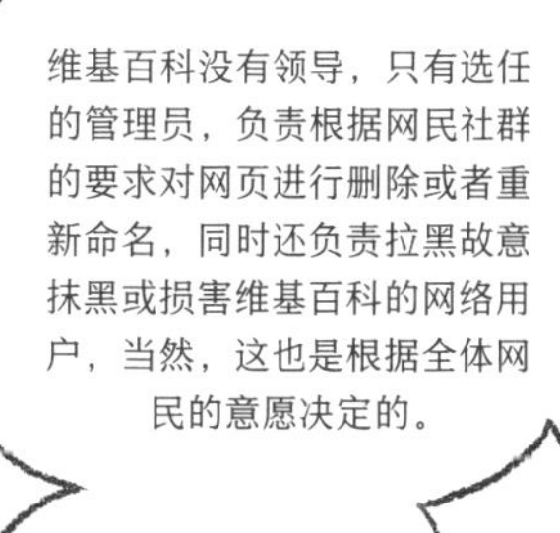
维基百科没有领导，只有选任的管理员，负责根据网民社群的要求对网页进行删除或者重新命名，同时还负责拉黑故意抹黑或损害维基百科的网络用户，当然，这也是根据全体网民的意愿决定的。
没有任何特殊资质的网民可以就他们喜欢的议题随意编写内容，这听上去好像有点危险……

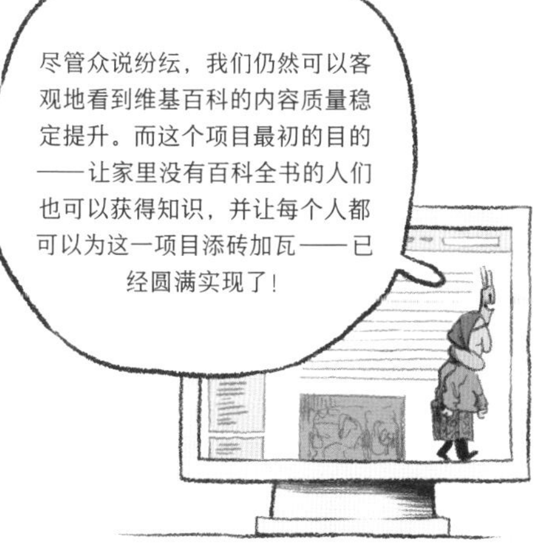
尽管众说纷纭，我们仍然可以客观地看到维基百科的内容质量稳定提升。而这个项目最初的目的——让家里没有百科全书的人们也可以获得知识，并让每个人都可以为这一项目添砖加瓦——已经圆满实现了！

我现在明白了互联网的威力：它可以让互相不认识的、分散在世界各个角落的人共同创建把他们紧紧联系在一起的项目。

完全正确！
分布式计算和众筹也是很好的例子……

分布式计算旨在利用多台电脑的闲置计算能力，完成一台巨大的超级计算机才能完成的计算。

依据这个原理，一个名叫 SETI@home(Search for Extra-Terrestrial Intelligence at Home) 的项目从 1999 年起，通过 500 万台分散于世界各地的电脑处理阿雷西博射电望远镜采集的无线电信号，以搜寻地外智能生物存在的证据。这个项目目前仍在进行中。[1]

众筹（crowdfunding）则是通过互联网向大众筹集资金以共同实现一个项目的集资方式。

这样的集资方式能让人们十分期待的产品得以问世，即使它不被市场、银行所认可。

1　指 2017 年本书出版时。

互联网开始给社会经济带来改变，原因不仅是用户参与性系统的出现……
网络的存在，让一些服务不再依靠中介。
理论上，这样的系统可以让任何一个商人直接向世界各地的客户提供他的产品或者服务。
商店
但是现实中，并不是每个商人都能够在网上建立一个专门销售自己产品或服务的平台。
原因是互联网用户倾向于通过可以信任的第三方来确保商品或服务的交易，同时解决付款方式的问题。
银行卡
amazon
（亚马逊）
eBay
（易贝）
这就是许多第三方网络销售平台成功的原因，它们帮助买家与卖家建立联系，并在每次促成交易的基础上收取一定比例的提成。这些平台一般不需要自己投资销售商品，因此也没有太大的风险。
eBay 上第一件拍卖成功的物品是一个有瑕疵的激光棒，买家正是专门收集坏掉的激光棒的人！
感谢互联网！

贝宝（PayPal）平台创建于1998年，它使个人之间可以通过电子邮件进行转账，在传统交易模式中开创了一条捷径。
2008年发明的比特币（Bitcoin）是一种加密虚拟货币，依赖P2P（点对点）网络，完全去中心化，彻底摆脱了国家机构的控制。

在服务领域，像优步（Uber）、爱彼迎（Airbnb）、法国拼车软件BlaBlaCar这样的线上平台完全不再需要中介。它们的运行方式与提供同类服务的线下公司基本一致。
比如，优步就已经和一个出租车公司没什么两样：

每个司机都是自由职业者，根据汽车跑的里程收取报酬，并承担车辆的相关费用。
UBER
优步把出租车赶尽杀绝
但是，优步没有遵守这个领域的传统规则，对各国的本土法律法规提出挑战，结果每当优步想要进入一个新的城市，就会造成一定的紧张局势。

对服务质量进行评价的权利也掌握在网络用户手里，他们可以在交易完成后给服务打分并留下评语。

另一个新的事物是微工作（microwork）。
微工作平台帮助有需求的人和可以提供服务的人建立联系，所需服务往往是一些微小的活计，报酬也很低廉。

比如，像《魔兽世界》这样的
大型多人在线网络游戏催生了
一种新型微工作，叫作“打金”
（gold farming）。

一些玩家会打几百个小时
游戏来收集虚拟物品，然后
把它们卖给其他玩家，以换
取现实生活中的货币。
嘿，想来点
这个吗？只要 5 个
MANA 币[1]。

2011 年，英国《卫报》
刊登了亚洲某国家一名
狱警的证词……
我们再教育中心的 300 个
犯人每天都被迫在电脑前
面打 12 个小时游戏，
不停地发招打怪。
而这些都是为了
给监狱的管理
人员赚钱！
如果他们没有获得
一定金额的物品的话，
就会遭到体罚。

1　MANA 币是一种虚拟货币，是 Decentraland 平台的代币。该平台是一个基于以太坊区块链的虚拟现实平台，用户可以用 MANA 币购买 Decentraland 上的土地并进行转卖。

可怜的人啊，每天都要不停地打游戏！
是啊，说到底，这一切都是虚拟的……

但我们不应该忘记，这个网络的基础可不是虚无的空中楼阁！

如今全球有超过 885 000 千米的海底电缆，连接着五大洲，用于电信传输，长度可以绕地球 22 圈。
这些电缆是由专门的布缆船铺设的。布缆船体型大、坚固稳定且操作灵活。
随着光缆被投入使用，深水鲨鱼（尤其是光尾鲨）开始不断地猛烈攻击海底光缆，然而人们并不清楚这种行为的原因。为了抵御这些袭击，人们发明了一种专门的光缆支架，名叫“鱼咬”（fishbite）。

除了海底线路网之外，地上网络（光纤、电话交换网……）和空中网络（卫星、微波）也非常密集，涉及了许多利益方，有些互相之间还是竞争关系，同时还汇集了许多平行网络，因此根本无法绘制出完整的路线图。
哦！快看！

看那边！那是我！

今天是2011年3月28日，哈亚斯坦·沙卡里安即格鲁吉亚一位75岁的退休老人，挖断了一根铜缆，不仅导致她的国家部分断网，还导致相邻的亚美尼亚全部断网，而她原本只是想以每公斤4.5欧元的价格把铜缆卖出去。
这件轶事从一定程度上反映出在世界上某些地区，接入互联网只能依靠非常少的线路。
真该死。

互联网的另一个硬件设备是服务器。
服务器用于存储网站和在线服务的数据。
我们已经知道，互联网的去等级化使得每一台联网电脑既可以成为“服务器”，也可以成为“客户端”。
最典型的服务器是以“机架”形式存储在“数据中心”的计算机。
像谷歌、脸书或者亚马逊这样的公司，每一家都有几百万个服务器和非常多的数据中心。
它们往往看上去只是普通的仓库，但守卫森严，从不接待访客。
真是无穷无尽啊！

而且它们非常耗能！
互联网的运行需要消耗大量的能源，一方面是为了数据的传输，另一方面是给数据中心和其中的空调供电。
全球电子永续议题倡议组织（GeSI，Global Enabling Sustainability Initiative）的一份报告指出，如果“云”是一个国家，它将是全球耗能第 6 高的国家。
因此，谷歌已经开始使用潮汐能源，以保证自身足够的能源供给。

互联网是一个全球性的网络，
它由无数的国内网络或私人
网络互相连接而成。
这些网络并不相同，
由于它们所在的地理
位置不同，每一个
网民的上网体验也
不相同……
比如说，用谷歌
搜索相同内容的时候，
欧洲的网民和美国的
网民得到的搜索结果
可能不同……
FOOTBALL
FOOTBALL

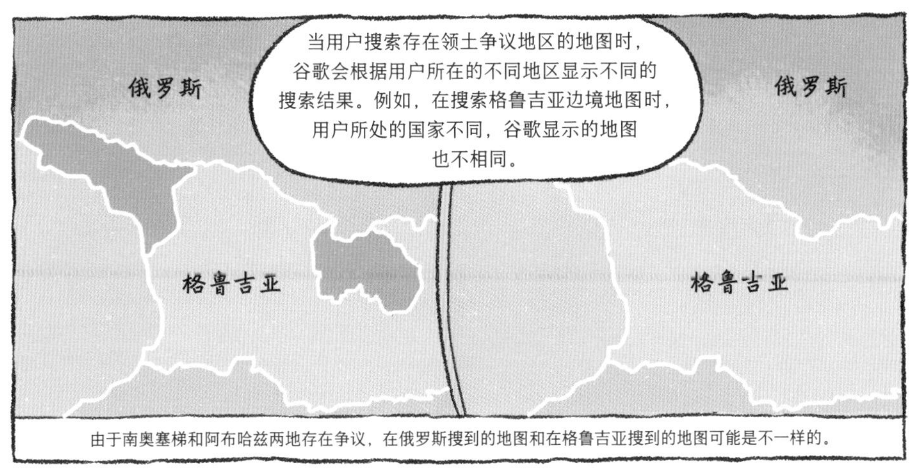
当用户搜索存在领土争议地区的地图时，
谷歌会根据用户所在的不同地区显示不同的
搜索结果。例如，在搜索格鲁吉亚边境地图时，
用户所处的国家不同，谷歌显示的地图
也不相同。
俄罗斯
俄罗斯
格鲁吉亚
格鲁吉亚

由于南奥塞梯和阿布哈兹两地存在争议，在俄罗斯搜到的地图和在格鲁吉亚搜到的地图可能是不一样的。

还有一些对不同地理区域进行区别对待的案例。
一些电子商务网站（例如亚马逊）不仅会根据客户所在地区区别对待，还会根据客户个人浏览记录对商品的价格进行调整。
比如，一个新用户看到的价格可能比老用户看到的价格要更加优惠！

如果大家都可以获取符合个人情况的信息，那这种功能也挺实用的啊！
毕竟，谷歌的搜索结果一般都很准确。
也许吧，但是这也很危险，因为如果获取的信息都是量身定制的，或者是某些人以“为我们好”为名义替我们决定的，那么身处在这样一种舒适“泡沫”中的人们就会逐渐麻木。

私人定制的上网体验是看不见的：
尽管我们在理论上意识到了这个问题，在实际上网时还是很容易忘记我们和别人接收到的内容是不一样的。
谷歌的算法是一个“黑匣子”：我们完全不知道它向每个用户提供搜索结果和排序时，到底依据什么。

谷歌根据每个国家不同的官方信息调整它提供的信息，也正是如此，它才得以在众多国家的市场中占据一席之地。

但这样做未免有投机之嫌。
因此，部分国家和地区禁止谷歌进入自己的市场或禁用谷歌的部分功能也在所难免。

我们不得不说到审查制度了。

互联网上的信息不像传统媒体那样内容严谨、渠道正规，不可避免地存在虚假、不道德甚至违反法律的信息。

这种信息会对社会造成不良影响甚至危害国家安全，因此许多国家都制定了相关的法律法规，对互联网上发布的内容进行不同程度的审查，从而屏蔽某些特定内容，同时打击犯罪。
“金盾工程”的作用之一就是利用现代信息通信技术打击犯罪，特别是网络犯罪。

一些国家把禁止访问的内容限定在某些方面：
煽动种族仇恨
非法赌博
色情内容
宣扬暴力或杀戮
还有破坏国家统一、破坏政府声誉，以及传播虚假信息。
涉及未成年人或以未成年人为受众的色情内容是很多国家屏蔽和打击的重点之一。
有些国家诞生了谷歌、脸书、飞书信（Facebook Messenger）和推特（Twitter）的本土竞争对手。
这些本土软件往往被国民广泛使用。
多数国家并不反对互联网的使用，人们可以主动地、自愿地联网，从另一方面说明互联网也可用于个人数据搜集和管理。

很多国家都在一定程度上
对互联网进行行政审查。
禁止内容包括：

法国
伊斯兰国圣战组织的网站，
越南
有关压迫少数民族或少数宗教组织的信息，
俄罗斯 / 乌克兰
领土争议和地方反政府活动的信息，
澳大利亚
甚至是维基解密（WikiLeaks）上有关审查的报告。

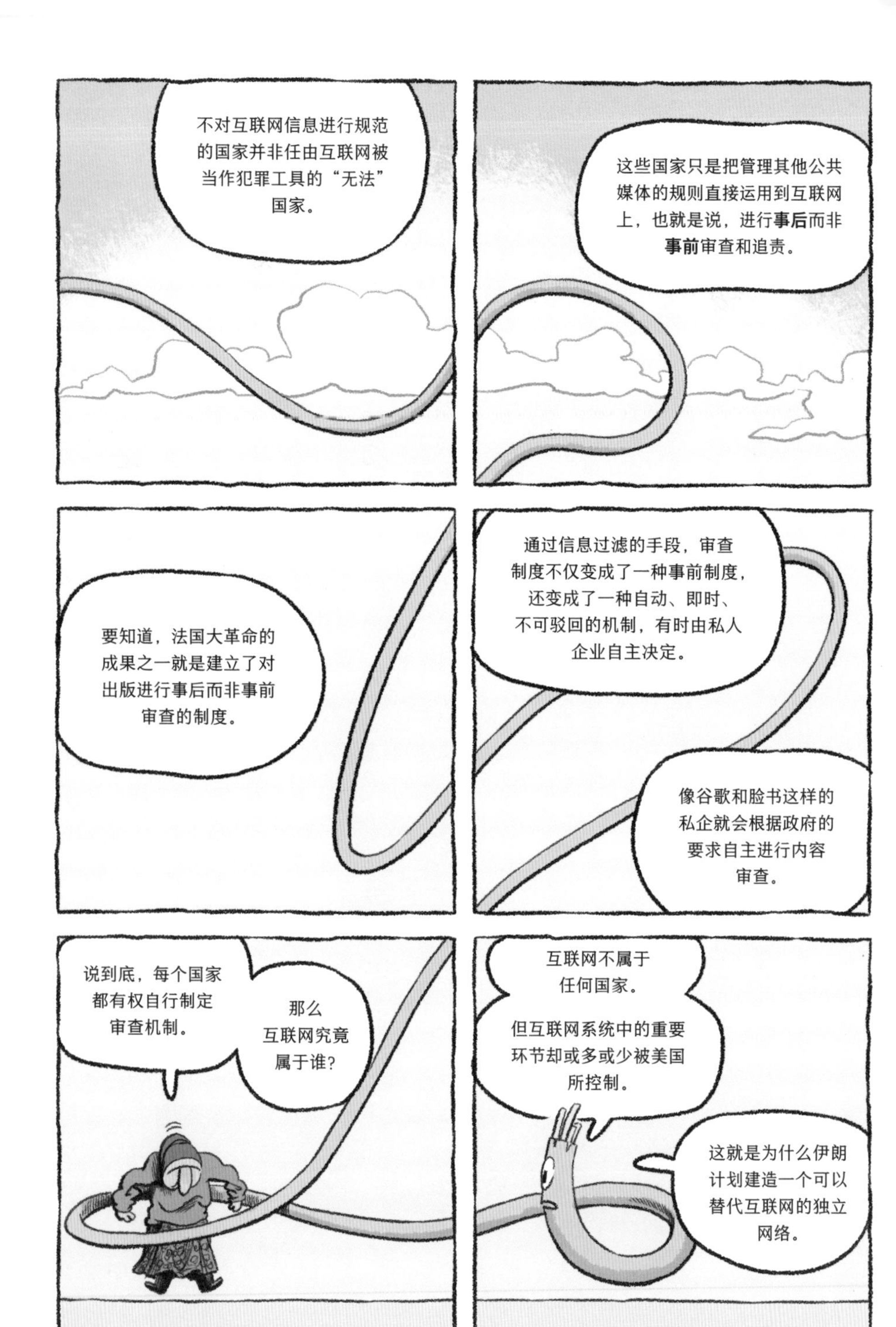
不对互联网信息进行规范的国家并非任由互联网被当作犯罪工具的“无法”国家。
这些国家只是把管理其他公共媒体的规则直接运用到互联网上，也就是说，进行**事后**而非**事前**审查和追责。
要知道，法国大革命的成果之一就是建立了对出版进行事后而非事前审查的制度。
通过信息过滤的手段，审查制度不仅变成了一种事前制度，还变成了一种自动、即时、不可驳回的机制，有时由私人企业自主决定。
像谷歌和脸书这样的私企就会根据政府的要求自主进行内容审查。
说到底，每个国家都有权自行制定审查机制。
那么互联网究竟属于谁？
互联网不属于任何国家。
但互联网系统中的重要环节却或多或少被美国所控制。
这就是为什么伊朗计划建造一个可以替代互联网的独立网络。

无论如何，我们还是可以说互联网是国际的。因为在理论上，互联网上的任意一点都可以与另一点互相连接。

同样，互联网的管理也是国际化的，通常通过一些国际机构来实现。例如互联网架构委员会（IAB，Internet Architecture Board）负责对互联网的技术发展进行监督，万维网联盟（W3C, World Wide Web Consortium）负责对互联网的使用进行协调并制定相关的技术标准。

唉！边境、审查、国际机构……
我以为你要跟我解释我孙子整天上网都在干什么呢！

好好，那我们来说说这个吧……

厨房
交友广场
第二人生
漫画
法式滚球

在物质架构和看似肤浅的表面之下，互联网其实是一个非常具有人性的网络。
论坛的用户或游戏的玩家建立起持久友情的例子并不罕见，有时这种友情还会发展到现实生活中。
魔兽世界

HABBO[1]
有时会从友情……
发展到爱情。
Meetic
TINDER

美国国家科学院的一项研究显示，在 2005 年至 2012 年间，每三对结婚的新人中就有一对是通过互联网认识的。
现在市面上有许许多多的交友软件，其中一些甚至是针对特定人群的，比如……
热爱某种音乐的人、拥有某种政治立场的人、
伯尼 单身汉[2]
摇滚约会

1　HABBO（哈宝）是搭建互动社区类型的网络游戏，右侧的 Meetic 和 Tinder 是两款知名交友软件。

2　伯尼单身汉（Bernie Singles）是支持伯尼·桑德斯的年轻人的约会软件。伯尼·桑德斯（Bernie Sanders，1941—），美国国会史上任期最长的无党派独立议员，2016 年竞选美国总统时获得大量年轻人的支持，最终在预选中败给希拉里·克林顿。

某个种族的人、
信仰某种宗教
的人、
穆斯林约会
亚裔约会
非裔
基督徒约会

某种职业的人。
仅限
农民
老天！

卢卡？
欢迎来到
恋物癖交友.com
奶……奶奶？

你这肱二头肌哪里来
的？还有你的身高?!
你长高了整整1米！
在互联网上，
你可以变成
想成为的任
何人……

我可逮住你了！
你居然上这种非主流的
低俗网站！
哦，别太
激动了！

你听我说！互联网
上有那么多约会
网站……
哎，小光
缆，帮帮
我们！

嗯……还有一些网站的用户对自己持某种评价，比如网站“丑八怪们”针对的是那些自认为长得不好看的人。
丑八怪们
哦！

或者还有……
枪支爱好者的激情
砰砰！
唔……

此外……
无麸质饮食单身者
哼！

这个是最传统的……
美国的约会网站 Tawkify 不通过计算机的算法促成姻缘，而是通过真人牵线搭桥，回归了传统的“媒人”模式。

这非常好啊！你快去！我什么都不跟你妈妈说。

其实，在一些法律允许的国家，有的网站公开帮助性工作者和他们的潜在客户建立联系。
熊孩子！我盯着你呢！

成人
内容
未成年
人禁止
访问
18
禁
哇哦！
警告

我们必须走
这边吗？
成人内容是最早
让用户为访问网页
买单的。

如今，法国互联网上
大约 1/3 的下载量
涉及色情内容！

您知道吗？像 RedTube、PornHub、YouPorn 这些出现于 21 世纪初的成人网站，全部都属于卢森堡的 MindGeek 公司。
MiNDGEEK
这个公司的年收益高达几亿美元，是世界上占用网络带宽[1]最多的公司之一。

互联网提供的色情内容有什么特别吗？
色情内容提供者可以将服务器设置在监管较为宽松的国家，用户因为躲在电脑屏幕后而感觉不到负罪感，因此互联网的色情内容更加危险，在许多国家都受到管制。在监管严格的国家，色情网站是非法的。

1 网络带宽指在单位时间内网络能传输的数据量。

互联网使得成人内容更容易被青少年接触到。
法国一半以上的青少年在 13 岁的时候就已经看过色情影片。对于管控严格的国家和地区来说，这个数字是十分惊人的。
这种不健康的“性教育”会产生许多危害。
因为色情影片易对正处于身心成长关键时期的青少年产生错误引导。
青少年看过这些内容后可能还会和同龄人说起，
导致影响扩大化。而且，在上网十分便利的今天，家长很难在日常生活中完全避免青少年接触网上的色情内容。
总之，如果人们过早或过多地接触色情影片，可能会受到不良影响，给社会带来更多不安定因素。

互联网也不可避免地被
性工作者用来招揽客户。

一些性工作者会在非法网站
上发布广告，在线寻找和
联系客户，甚至会效仿正经
买卖——
做“个人
品牌推广”。
您确定要
离开这个
网页吗？
点击这里，
获得更多
内容。
不要

个人什么？
就是自我营销。

用各种手段包装自己，展示自己有吸引力的形象
和背景，积极经营社交网络，从而建立竞争优势。
这是网络用户常用的方式。

那我明白为什么我
孙子在网上的形象
是那样的了。

很多人乐于计算他们的
“好友”人数、点“赞”的
数量、“转发”次数或者
其他各种数据。
如今一些青少年精心
经营着他们的网络
社交平台。
作为所谓的“数字原生代”，
他们最擅长的不是信息编程，
而是对这种社交网络的使用
和设置。
个人简介

哎呀，看看这个人，她好像不是在做“个人品牌推广”哦！
你长得太丑了，没人想看你。
嘘！没错！
这是一个网络霸凌的受害者。
你可不可以不要再说这些术语了？
这是指在网络上欺凌他人。
美国每年大约有 1/3 的青少年是这一行为的受害者。
丑化、诋毁
泄露他人信息
身份篡改
社交隔离
...
...
...
...
...

我跟你说，这些事在互联网出现之前就已经有了！
但是对于青少年来说，由于有了互联网，这些本来仅限于学校范围内的行为得以在校外继续进行，这意味着网络霸凌不会给受害者任何喘息的机会。
此外，研究人员发现“虚拟”霸凌者对其加害者的同情心更少，而且感受不到对他人所造成的痛苦，尤其当受害者缺乏积极的辩护者时。
在成人世界，最引人注目的网络霸凌事件多涉及女性受害者，尤其是当事件与女性权益斗争有关时。
大量案例可以证明网络霸凌中存在严重的性别歧视，比如电子游戏领域。
2014 年 8 月，电子游戏开发工程师佐薇·奎因（Zoë Quinn）被她的前男友在网上公开指责，称其为了获得新作品的好评，与一位游戏评论员有亲密关系。但事实上，那位评论员从未与佐薇有过任何关系，只是在一篇评论文章中提到过她的作品。佐薇因此收到了无数威胁信息，内容涉及暴力、强奸和谋杀。

既然在互联网上可以找到一切信息，它也就成了挑战权威和官方事实的工具。它能让事态变得更好，也能让事态变得更坏。
互助小医生
我鼻子上长了一个痘！我该怎么办？
索莱娜
小心，这可能是癌症的一个症状！
以斯帖 23
你家车库里没有电钻吗？
只是个宝宝

比如，像光明会阴谋论[1]这么古老的理论，也是因为有了互联网才得以在全球传播：
网上有成百上千与此相关的小视频，里面对一些电影、视频片段进行详细分解，试图发掘阴谋论的线索。

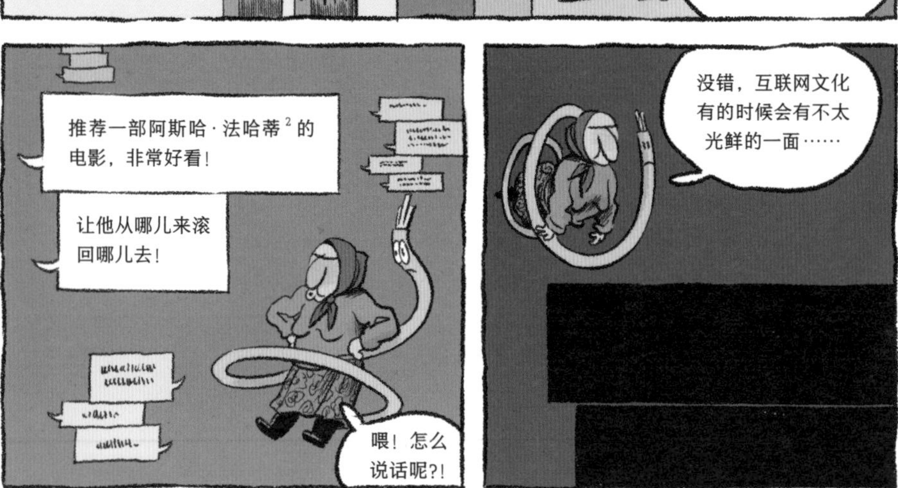
推荐一部阿斯哈·法哈蒂[2]的电影，非常好看！
让他从哪儿来滚回哪儿去！
喂！怎么说话呢?!
没错，互联网文化有的时候会有不太光鲜的一面……

1 光明会（Illuminati），1776 年启蒙运动时期成立于巴伐利亚的秘密组织，聚集了一群当时非常有影响力的人物。阴谋论认为该组织试图通过策划社会事件、在政府和企业中安插人员等方式获得政治权力，最终建立世界新秩序。
2 阿斯哈·法哈蒂（Asghar Farhadi），伊朗电影导演和编剧，知名作品《一次别离》《推销员》曾获得奥斯卡最佳外语片奖。

“在线讨论的时间越长，把参与者或其言行与纳粹主义或希特勒类比的概率越高，这个数值最后会趋近 100%。”
这就是高德温法则（Godwin's law）。

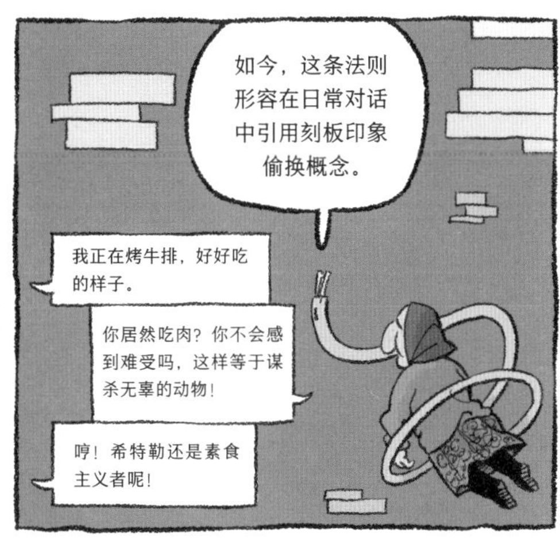
如今，这条法则形容在日常对话中引用刻板印象偷换概念。
我正在烤牛排，好好吃的样子。
你居然吃肉？你不会感到难受吗，这样等于谋杀无辜的动物！
哼！希特勒还是素食主义者呢！

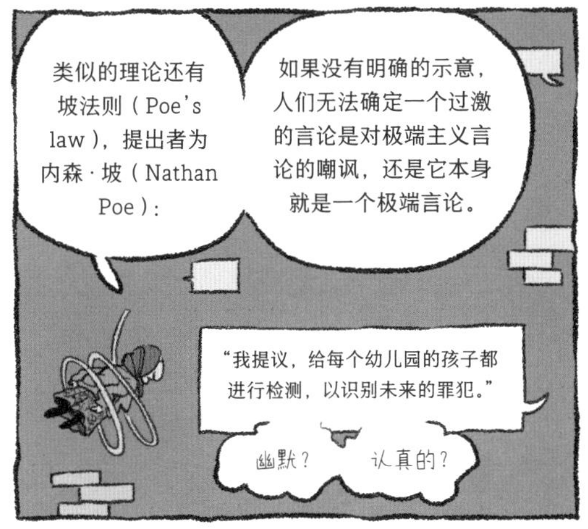
类似的理论还有坡法则（Poe's law），提出者为内森·坡（Nathan Poe）：
如果没有明确的示意，人们无法确定一个过激的言论是对极端主义言论的嘲讽，还是它本身就是一个极端言论。
“我提议，给每个幼儿园的孩子都进行检测，以识别未来的罪犯。”
幽默？
认真的？

比如对创世论支持者而言，由于他们本身的形象常被歪曲、讽刺，因此他们想表达的讽刺无法被他人明确识别。

19 世纪 80 年代末，网络文化中出现了 troll[1] 这个概念，指在网络论坛上故意挑起论战。
对于一部分人而言，troll 是指那些没有结果的争论。
但这个词更多的时候是指那些以挑起事端、煽动情绪为目的，通常以匿名的形式参与讨论或留言的网民。
苹果还是微软？

1 troll 涉及中国网络文化中的“钓鱼”“引战”“刷屏”“网络喷子”等概念。

一些学者，比如法国社会学家安东尼奥·卡西利（Antonio Casilli），认为这些人是引起争论的刺针，目的在于提出一些有争议的、令人不适的问题，迫使网民们参与其中并互相争论，但有时这些问题也是十分重要的。
这些人会挑战虚拟社群中的既定阶层并有助于产生新的想法和不同的观点。
我们不应该把在网上引战看作网络社交中背离常规的行为，而应该将它视为网络社交的一部分。
?
约翰·特拉沃尔塔[1]在这里干什么？
哦，您还不知道"模因"[2]……
"模因"这个概念最早是由美国生物学家理查德·道金斯（Richard Dawkins）于1976年提出来的。
模因是一个包含一定信息的单位，可以被模仿、传播、与其他对象相联系。

1　约翰·特拉沃尔塔（John Travolta），美国著名男演员，代表作有电影《周末夜狂热》《低俗小说》《变脸》等。
2　模因（Meme）在网络文化中又被称为"表情包"，尤指配有文字的表情包。

这个词如今在网上非常流行，用来形容那些“像病毒一样传播的”文化元素，也就是我们说的“表情包”。它们通常是一些被大量广泛传播的图片，会在传播过程中不断被重新设计或加入其他表情包元素。
呜嘎
沙嘎
真的假的？
什么鬼?!

我已经完全晕了。
别急，您听我说……

我用锄头的名义发誓，我知道这个乐队！
她们是面纱三重奏[1]！她们是我的老乡！

您明白了吧！我们每个人都逃不开网络的信息传播。
全球 40% 的人口是互联网网民，由于有海量网民的支持，一些艺人创造了惊人的收听和收视纪录，有些人甚至一夜之间成为世界级明星，就像那几个格鲁吉亚小姑娘一样。

1　面纱三重奏（Trio Mandili），格鲁吉亚三人女子民俗乐队，2014 年在社交网络上传了她们自弹自唱的民俗歌曲 *Apareka*，取得了超过 500 万的点击率，自此成名。

随着博主、播客、视频主播产生越来越广泛的影响，传统媒体的地位越来越受到质疑。
在法语文化圈中，“漫画博客”非常流行，许多漫画家通过这种形式崭露头角，并获得他们以往的出版作品所无法带来的知名度。

大家好!!

我不知道大家有没有注意到，电子游戏世界与现实生活是不同的……
啊，西普里安[1]，人人都认识他。
他油管账户上至少有900 万粉丝。

让我们来了解一下有趣又大胆的网络艺术吧……

在万维网诞生之初，一些试图通过互联网传播传统艺术作品（画作、雕塑、照片）的艺术家发现互联网也可以成为一种独立的艺术承载物。

1 西普里安（Cyprien，1989—），法国漫画家，网络名人，油管视频主播。

1995 年诞生了一个叫“网络艺术”（Net.art）的艺术家团体，它让来自东欧的网络艺术家可以在网上交流。

这个社团于 1999 年解散，成员创作的作品常常比较“极客”……
jordi.org 的首页看上去全是乱码，只有访问网页的源代码才能看到真正的内容。

他们借助万维网的工具进行艺术创作。
俄罗斯艺术家欧莉娅·利亚利娜（Olia Lialina）用“HTML 框架”创作了故事——《我的男友从战场归来》[1]。

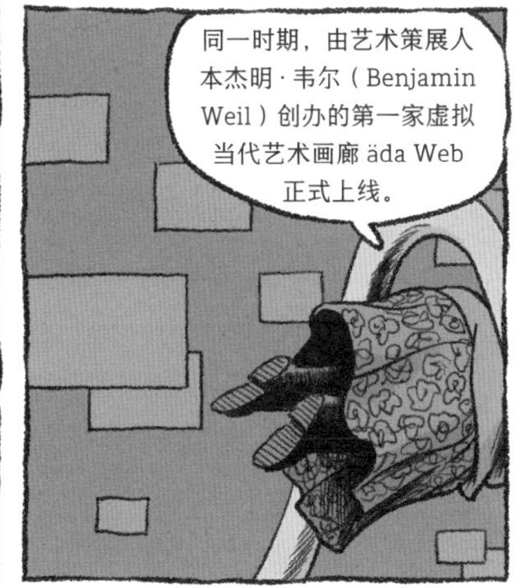
同一时期，由艺术策展人本杰明·韦尔（Benjamin Weil）创办的第一家虚拟当代艺术画廊 äda Web 正式上线。

此外，“根茎”[2] 也在网络艺术成为一种独立艺术形式的过程中起到了重要作用。
根茎最有代表性的作品有：
肯·戈德堡 (Ken Goldberg) 和约瑟夫·桑塔罗马纳（Joseph Santarromana）的作品叫作《远程花园》（*Telegarden*，1995），访问者可以在线遥控机械手臂，远程给花园播种、浇水等。

1 《我的男友从战场归来》（*My boyfriend came back from the war*），1996 年创作，网址 http://www.teleportacia.org/war/。这个作品借助 HTML 的 <frame> 标签，让同一个浏览器窗口显示不止一个页面。
2 根茎（Rhizome）是一家非营利艺术机构，于 1996 年在美国纽约创立，旨在为新媒体艺术提供一个展示平台。

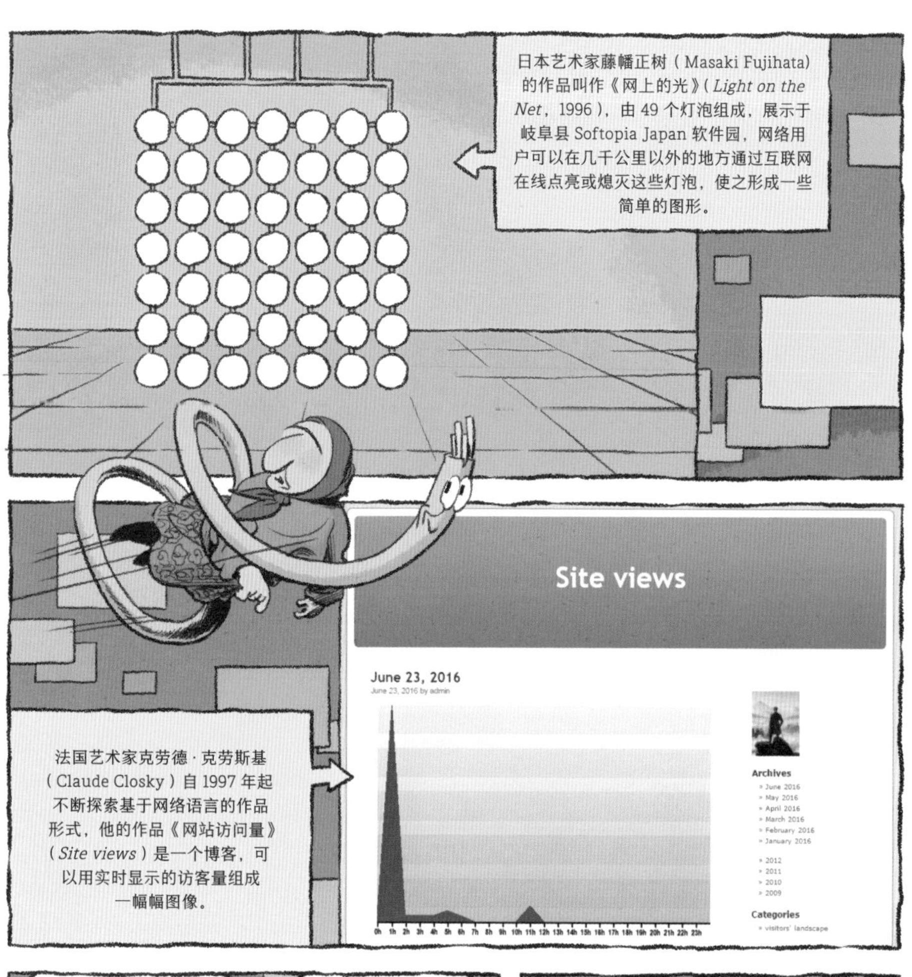
日本艺术家藤幡正树（Masaki Fujihata）的作品叫作《网上的光》（*Light on the Net*，1996），由 49 个灯泡组成，展示于岐阜县 Softopia Japan 软件园，网络用户可以在几千公里以外的地方通过互联网在线点亮或熄灭这些灯泡，使之形成一些简单的图形。
Site views
June 23, 2016
Archives
June 2016
May 2016
April 2016
March 2016
February 2016
January 2016
2012
2011
2010
2009
Categories
visitors' landscape
法国艺术家克劳德·克劳斯基（Claude Closky）自 1997 年起不断探索基于网络语言的作品形式，他的作品《网站访问量》（*Site views*）是一个博客，可以用实时显示的访客量组成一幅幅图像。

网络上每一个新工具、每一个新空间都是网络艺术家创作新作品的灵感、主题或媒介。
为了实现自己的作品，他们有的利用网络游戏《第二人生》（*Second Life*），有的使用“谷歌街景”（Google Street View），有的借助网络语言，还有的使用推特……

这叫艺术家？这是黑客吧！

可不能混为一谈！
黑客是英文“hacker”的音译。

黑客是指那些在网络上横行的强盗？
不不，不能这么理解！

黑客是指那些热心钻研信息系统，技术水平超高又不满足于普通使用的人。
黑客并不一定是恶意的。
？

“破解者”（cracker）则是用来形容未经许可侵入信息系统的人，但他们当中也有只是对信息技术好奇的业余爱好者。

黑客大致可以分为三类：

“黑帽黑客”
（Black Hat）是指利用信息技术获取不当利益的人。

“白帽黑客”
（White Hat）是指受雇于公司或政府部门，对信息系统进行测试的人。

比特币
数据

“灰帽黑客”
（Grey Hat）是指不以牟利为目的潜入他人信息系统的人。这种做法是为了发掘系统中可能存在的缺陷，从而推动缺陷的修正，或者是为了进行新闻调查，从而推动他们所认为的正义。

黑客不全都是单打独斗的?
当然不是！有些黑客行为是由国家操控的。
我们甚至已经进入了一个网络战争的时代。

这场战争最主要的一员是美国国家安全局 NSA。众所周知，它发挥着双重作用：
一方面是搜集情报（出于经济利益或政治目的），另一方面是发起明显的恶意行动。

这是怎么做到的？
我以“震网病毒”（Stuxnet）为例……
2010 年，一些计算机工程师偶然发现了一种蠕虫病毒（可以自我复制的病毒），这种病毒特别长——代码长达 1.5 万多行。人们将它命名为震网，而后来发生的事让人们明白了这个病毒的目的……

以色列情报部门在美国的授意下收买了一个伊朗人，后者通过一个 U 盘将震网病毒植入了伊朗一家铀浓缩工厂的电脑上，使得上千个离心机的参数遭到了非常细微的更改，从而在极短的时间内让表面上运转良好的设备陷入故障。

这个安全问题几乎无法被察觉，因为震网同时控制了电脑显示器，使上面显示的参数是正常的。
自此，这种病毒自我复制并感染了全球上万台计算机。

伊朗对此做出了两次反击：第一次是摧毁了 3 万台电脑的数据，这些电脑都属于一个与美国合作的苏丹石油公司；第二次是成功攻击了一些美国银行的信息系统。

后来，伊朗主动停止了这场攻击，因为他们的目的不过是传递一个信息：我们也可以做到！
这场虚拟交锋可以称得上成果颇丰，因为伊朗核计划被迫延期，同时以色列没有袭击伊朗（如美国所愿），而美国方面则被迫参与谈判。

哈！这么看来，黑客很容易就可以监视我们在网上的一举一动，然后倒卖这些信息。

这就是**“深网”**出现的原因。

深网是互联网表层之下的网络，无法通过常规搜索引擎访问，但是并不神秘。

一些网络系统，比如 Freenet（自由网）、GNUnet、Tor（The Onion Router，洋葱路由器）、I2P（Invisible Internet Project），或是用于匿名通信，或是用于点对点连接，使得用户可以进行匿名的信息交换，而且他们之间的文件传输很难被追踪或被发现。

你是说，像我孙子那样通过点对点模式下载电影是在使用深网?

从技术角度来讲不一定，除非他想匿名。

说到深网，就不能不提暗网。

赌博
非法分享数据
毒品或武器买卖
暗网是深网的子集，是更深层的网络。它是各类非法交易的滋生地，

也被某些非法或极端群体当作集会和交流的平台。
纳粹大屠杀否认者或种族歧视者
有自杀或自残意愿的群体
恋童癖群体的色情内容交流群

深网包含的数据是不公开的，比如私人图书馆、个人聊天记录等，其含量要比表层网络大得多。有正当理由不愿在互联网上留下痕迹的人也会使用深网。

此外，还有些人将深网作为反权威的平台。

为什么呢？你不是和我说过，互联网本身是一个自由的空间吗？
直到 20 世纪 80 年代末，互联网确实是一个自由的避风港，它的用户主要是研究人员。

但是，随着网络用户的不断增加，这种自由越来越受到来自政府与少数实力雄厚的公司的限制和威胁。

关于政府对互联网建立的审查制度，我们有必要说说著名的《美国爱国者法案》。这一法案颁布于2001年10月26日，赋予了美国政府极大的权力：

即使某一非法行为在另一国产生并导致第三国承担后果，
只要这一非法行为所依托的通信网络部分经过美国任一州的领土，
那么这个州就有权对该行为进行追责。

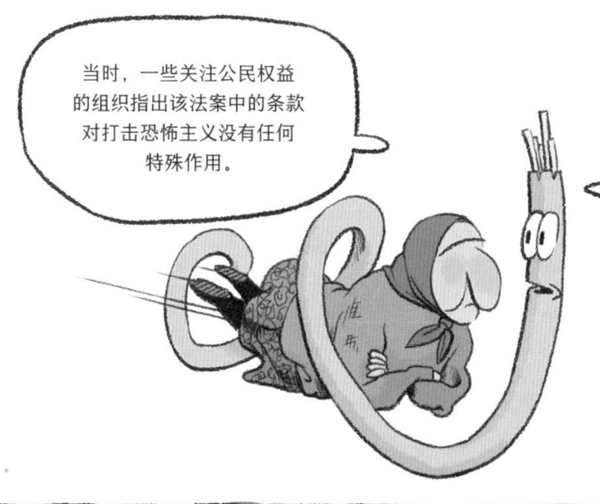
当时，一些关注公民权益的组织指出该法案中的条款对打击恐怖主义没有任何特殊作用。
这一法案的主要目的是将政府有关反恐的权力扩张到其他各个领域，比如商业情报窃取。

反恐和商业间谍之间有什么关系？
没有关系。
机密
但是我们都知道，为了扶持本国大型企业，美国情报机构在背后为它们提供他国竞争对手的关键情报。
当然不止美国，英法等国都是这样！

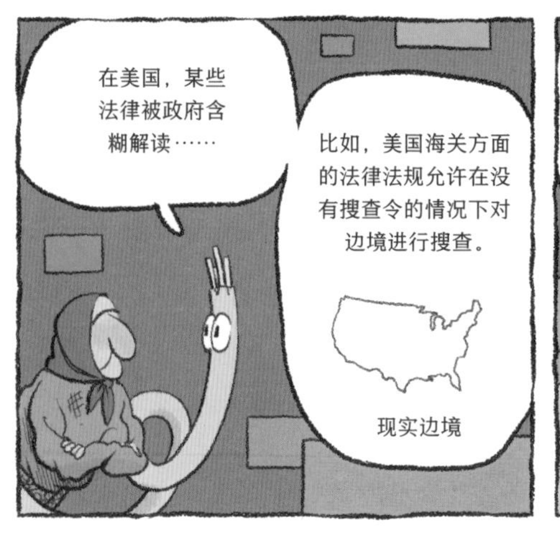
在美国，某些法律被政府含糊解读……
比如，美国海关方面的法律法规允许在没有搜查令的情况下对边境进行搜查。
现实边境

美国联邦政府却将这一规定解读为政府有权对一切在美国和其他国家之间通过互联网传输的信息进行搜查。
也就是说，包括所有经过脸书、谷歌或者推特传输的信息。
虚拟边境

举一个实际应用中的
例子：2015 年，在美国
费城的机场……
居留动机？
探亲。
我要去
克利夫兰
看我表姐。
护照检查

哔
哔！
护照检查

抱歉，女士，我们
不能允许您入境，
因为您入境的目的
是提供非法劳务。
真是荒唐！
我确实向我表姐提议可以
帮她看孩子，用来答谢她
对我的款待。
这居然被当作
打黑工！

而且，我唯一一次提到
这个话题是在脸书的
私信里！

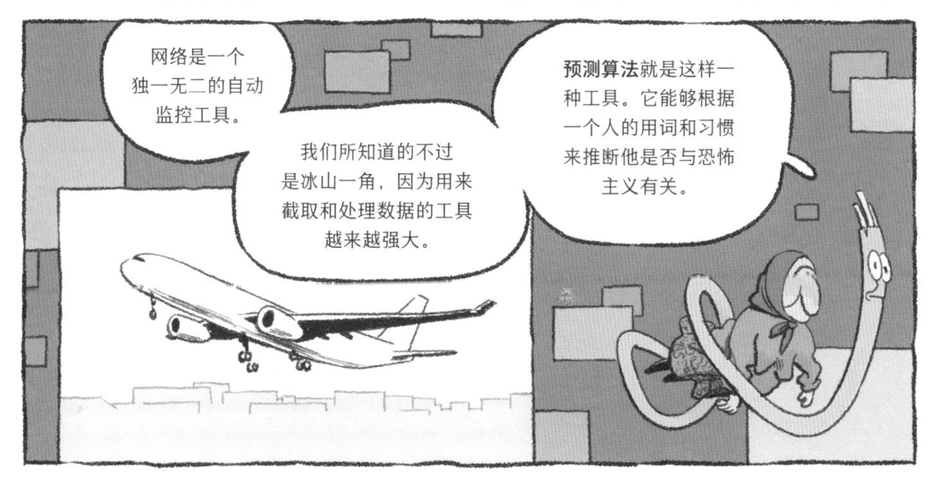
网络是一个
独一无二的自动
监控工具。
我们所知道的不过
是冰山一角，因为用来
截取和处理数据的工具
越来越强大。
预测算法就是这样一
种工具。它能够根据
一个人的用词和习惯
来推断他是否与恐怖
主义有关。

一些民营公司也在某种意义上成了全知全能的组织。

2016 年，美国资产最多的 4 家公司为苹果、Alphabet（谷歌母公司）、微软和亚马逊。
这些公司的资产数额之和是法国国家预算的 5 倍，是美国预算的一半。
Alphabet
a

这 4 家公司常常被公众指责缺乏社会责任感，因为它们会利用各种税收优化措施让自己少缴税。

这些公司的实力如此之雄厚，以至于它们认为自己能与国家力量抗衡。

比如说，Alphabet 公司建造了一个全球太阳能和地热能电站，
为本公司需要搭乘公共或私人交通上下班的员工创建了专属公交线路，
试图通过谷歌无人驾驶项目对陆路交通进行革新，
资助生物科技领域的研究，
等等。
Google

这些公司甚至正一步步地让个人电脑不复存在。

可是你不是和我说，几乎每两个人中就有一个人可以上网吗？
是。而且这个比例还在持续增长，甚至超过了全世界拥有饮用水或基础教育的人口比例的增速。
但是，一条“数字鸿沟”也在悄然产生……

过去，用户对所使用的设备享有控制权，但是近年来，人们已经逐渐被剥夺了这种权利。
事实上，智能手机和平板是一种非常受限的平台。
用户不能真正对系统进行掌控，而要被迫接受开发者所提供的功能、技术或交易选择。

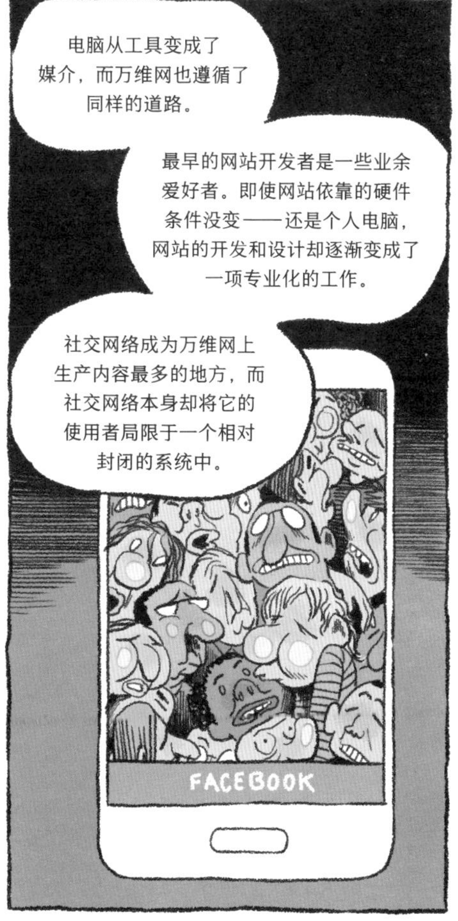
电脑从工具变成了媒介，而万维网也遵循了同样的道路。
最早的网站开发者是一些业余爱好者。即使网站依靠的硬件条件没变——还是个人电脑，网站的开发和设计却逐渐变成了一项专业化的工作。
社交网络成为万维网上生产内容最多的地方，而社交网络本身却将它的使用者局限于一个相对封闭的系统中。
FACEBOOK

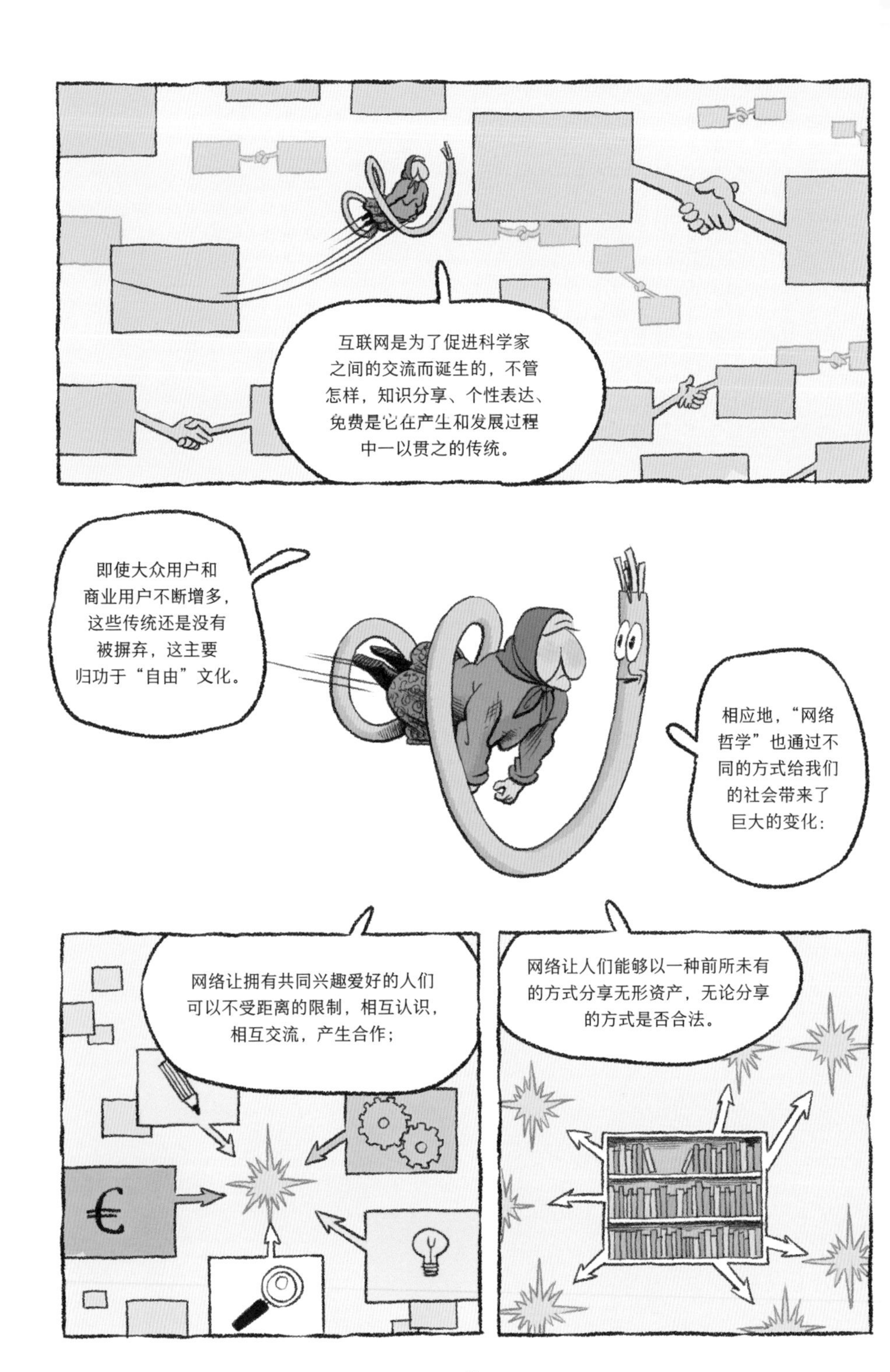
互联网是为了促进科学家
之间的交流而诞生的，不管
怎样，知识分享、个性表达、
免费是它在产生和发展过程
中一以贯之的传统。
即使大众用户和
商业用户不断增多，
这些传统还是没有
被摒弃，这主要
归功于“自由”文化。
相应地，“网络
哲学”也通过不
同的方式给我们
的社会带来了
巨大的变化：
网络让拥有共同兴趣爱好的人们
可以不受距离的限制，相互认识，
相互交流，产生合作；
网络让人们能够以一种前所未有
的方式分享无形资产，无论分享
的方式是否合法。

2013 年，《卫报》、《华盛顿邮报》、《纽约时报》和其他一些新闻媒体发表了一系列有关美国国家安全局如何监视民众的报道。

报道称这种监视一部分是基于网络供应商的配合，另一部分则是通过非法入侵谷歌、脸书、推特、微软、雅虎等互联网行业巨头的服务器。

在见报之前，这些消息首先是由美国中央情报局和美国国家安全局的前工作人员爱德华 · 斯诺登（Edward Snowden）向格伦 · 格林沃尔德和劳拉 · 珀特拉斯两位新闻记者提供的。

为了抗议山达基教[1]的活动，4chan 论坛[2]的成员创造了“匿名者”（Anonymous）。

在他们制作的视频中，匿名者们统一戴着 17 世纪英国“火药阴谋”[3]的主要成员盖伊 · 福克斯的面具。福克斯最终被处以极刑。为庆祝阴谋的破灭，英国从此诞生了一个节日，叫盖伊 · 福克斯之夜（Guy Fawkes Night）。

匿名者是一个没有组织结构、没有层级、由积极分子组成的松散团体，任何人都可以宣布自己为该团体的一员。

阿兰 · 摩尔（Alan Moore）和大卫 · 劳埃德（David Lloyd）在他们创作的漫画《V 字仇杀队》中将这个面具作为英国一个无政府抵抗运动的标志，从此，这个面具成了反抗的象征。

他们最典型的行动模式是以视频形式发表公告，宣称要对他们认为有害的、不义的组织发动黑客行动，针对的目标是他们认为对言论自由造成损害的组织。

后来，华纳兄弟娱乐公司将这部漫画改编成电影，同时拿到了这个面具形象的版权。

1　山达基教（Scientology）也译为科学教，由 L. 罗恩 · 哈伯德（L. Ron Hubbard）于 1952 年在美国创立，在多数国家和地区都不被当作合法宗教。

2　4chan 是一个匿名论坛，最初用于分享图片，后来演变为综合性的讨论区。无数的表情包都是从这个论坛里诞生的，比如著名的搞笑猫（lolcat）。

3　火药阴谋（Gunpowder Plot）指 1605 年一群人为争取天主教的权益企图炸毁英格兰国会大厦、刺杀国王詹姆斯一世，并以失败告终的历史事件。

一群黑客行为主义者[1]提出了一些另类的想法，比如“拷贝派队”（copy party）。
拷贝派对鼓励大家带着自己的U盘或硬盘与朋友们互相交换文件——在不违反著作权法的前提下。
还有些人安装了匿名文件共享盒子Pirate Box，这是一种无线小型服务器，一般放置于公共空间中，使用的目的和拷贝派对一样，都是交换文件。
还有人提议重新设计一个网络，比如意大利的Netsukuku计划和美国的Commotion计划。
其理念是每个使用者的个人电脑就是网络中的一环（比如通过无线网相连），数据以去中心化的方式从一台电脑传输至另一台电脑。

1 黑客行为（hacktivism）泛指为刺激社会而进行的入侵计算机系统的行为，不以牟取经济利益为目的。实施这种行为的个人称为黑客行为主义者（hacktivist）。

还有几个国家，例如伊朗和新加坡，也在设想建立一个独立于互联网的网络。

沙卡里安女士？

您被逮捕了。
请您跟我们走一趟。

可以稍等一下吗？

再见了，
罗伯特·
卡恩。
再见了，文
顿·瑟夫。
互联网的骨
架——TCP/IP 协
议，是一个简单
而快速的系统。
先生们，
好样的！

谢谢，欧洲核子研
究中心，谢谢你们
毫无保留地将万维
网献给公有领域，
允许人们免费使用。
如今我知道了
万维网是一个系
统，而互联网则
是支撑它运行的
网络。
啪
啪

而你们这些商人用网络窥探他人的隐私，牟取不正当利益。网络应当是一个让人们放心交流和分享信息的地方！

网民们完全有权阻止他人非法限制他们的表达自由和信息自由。

永别了，小光缆。我非常高兴和你一起完成这趟旅程。
如果您有任何需要，上网就好！

奶奶！
卢卡！

奶奶，我向您介绍一下，这是贝西。
我们……我们准备结婚。

很高兴认识您，夫人。
噢，贝西，我真高兴。

我们该走了，
女士。
警察先生，
按你们的规矩
办吧。

别太担心了，
12 个小时之后她
就会被释放的。

由于年纪较大，哈亚斯坦·沙卡里安确实很快就被释放了。她原本险些以损害格鲁吉亚政府资产的罪名被处以 3 年有期徒刑。
让-诺埃尔·拉法格
马蒂厄·布尔尼亚
http://www.lelombard.com/bdtk/peteuncable

拓展阅读

让 - 诺埃尔 · 拉法格推荐的三部作品

Xavier de La Porte
La tête dans la toile

《网络中的头脑》，作者格扎维埃 · 德拉波特（Xavier de la Porte），C&F 出版社，2016 年出版。格扎维埃 · 德拉波特是互联网应用的细心观察者。他在 2013—2014 年做过一档关于互联网的晨间广播节目，本书就是这个节目的内容汇编。其文字既机智又幽默，提出了互联网领域有待思考的各种问题。

《魔界第八层》，导演尼古拉 · 阿尔贝尼（Nicolas Alberny）、让 · 马克（Jean Mach），2008 年上映。由于对现实感到失望，世界各地数百万的民众共同在互联网上创造了一个虚拟国家。他们每周在网上对一项议案进行公投，然后把公投结果运用在现实世界中。当这个虚拟国家的民众所做的决议越来越反动并趋近于恐怖主义，会出现什么状况呢？现实世界要如何应对呢？这部电影与“匿名者”组织、维基解密诞生于同一时代，受到“The Yes men”系列电影的启发，值得被更多人看到。

REJOIGNEZ-NOUS !!
WONDERLAND

Götz Hamann
Khuê Pham
Heinrich Wefing
THE UNITED STATES OF GOOGLE
Postface
Adrienne Charmet-Alix

《谷歌合众国》，作者格茨 · 哈曼（Götz Hamann）、胡艾 · 范（Khuê Pham）、海因里希 · 韦芬（Heinrich Wefing），Premier Parallèle 出版社，2015 年出版。谷歌和其他互联网巨头是否会为了应对政府失灵而代替政府完成一些需要高新技术的公共服务？这正是本书提出的问题。维基媒体基金会法国主席阿德里安娜 · 沙尔梅-阿利克斯（Adrienne Charmet-Alix）特别为本书写了后记。

马蒂厄·布尔尼亚推荐的三部作品

NEAL STEPHENSON
LE SAMOURAÏ
VIRTUEL

D.R.

《雪崩》，作者尼尔·斯蒂芬森（Neal Stephenson），Le Livre de Poche 出版社，2017 年出版法语版，原英文版书名为 *Snow Crash*。这本小说的故事发生在“后赛博朋克”世界观下的未来世界中，人们在苏美尔人的洞穴中发现了一种不但能让人发疯，还能像病毒一样作用于虚拟世界的药物……这本写于 1992 年的科幻小说是对当今的万维网和虚拟现实的精彩而疯狂的预言。

美国动画片《南方公园》（*South Park*）第 14 季第 4 集《好友数量为 0》（*You Have 0 Friends*），作者特雷·帕克（Trey Parker）、马特·斯通（Matt Stone），2010 年播出。这一集以搞笑的方式讲述了主人公使用脸书的故事，讽刺了脸书用户的特点之一：过度的自我营销。

D.R.

GRANDPAPIER

Bandes dessinées
& récits numériques

D.R.

漫画网站“限量珍本”，https://grandpapier.org。这个网站是完全免费的，上面汇集了 500 多名作者各具艺术特色的漫画作品。

图书在版编目（CIP）数据

互联网 /（法）让 – 诺埃尔·拉法格编；（比）马蒂厄·布尔尼亚绘；顾晨译．-- 北京：中国友谊出版公司，2023.3
（图文小百科）
ISBN 978-7-5057-5548-2

Ⅰ．①互… Ⅱ．①让… ②马… ③顾… Ⅲ．①互联网络—普及读物 Ⅳ．① TP393.4-49

中国版本图书馆 CIP 数据核字 (2022) 第 161154 号

著作权合同登记号：图字 01-2023-0238

书名 互联网
编者 ［法］让 – 诺埃尔·拉法格
绘者 ［比］马蒂厄·布尔尼亚
译者 顾　晨
出版 中国友谊出版公司
发行 中国友谊出版公司
经销 新华书店
印刷 天津联城印刷有限公司
规格 880×1230 毫米　32 开
3.25 印张　40 千字
版次 2023 年 3 月第 1 版
印次 2023 年 3 月第 1 次印刷
书号 ISBN 978-7-5057-5548-2
定价 56.00 元
地址 北京市朝阳区西坝河南里 17 号楼
邮编 100028
电话 （010）64678009

后浪漫《图文小百科》系列：

宇宙	（科学）
当代艺术家	（社会）
鲨鱼	（自然）
人工智能	（技术）
偶然	（科学）
极简主义	（文化）
女性主义	（社会）
著作权	（社会）
新好莱坞	（文化）
文身	（历史）
重金属音乐	（文化）
互联网	**（技术）**

欢迎关注后浪漫微信公众号：hinabookbd
欢迎漫画编剧（创意、故事）、绘手、翻译投稿
manhua@hinabook.com

筹划出版 | 银杏树下

出版统筹 | 吴兴元
责任编辑 | 张　奇
特约编辑 | 李　悦
装帧制造 | 墨白空间 · 曾艺豪 | mobai@hinabook.com
后浪微博 | @后浪图书
读者服务 | reader@hinabook.com 188-1142-1266
投稿服务 | onebook@hinabook.com 133-6631-2326
直销服务 | buy@hinabook.com 133-6657-3072

后浪出版咨询（北京）有限责任公司
POST WAVE PUBLISHING CONSULTING (BEIJING) CO.,LTD